【现代养殖业实用技术系列】

动物疫病
防控技术

主　编　王桂军

副主编　王　晴　殷冬冬

时代出版传媒股份有限公司
安徽科学技术出版社

图书在版编目(CIP)数据

动物疫病防控技术 / 王桂军主编. --合肥:安徽科学
技术出版社,2021.12
助力乡村振兴出版计划. 现代养殖业实用技术系列
ISBN 978-7-5337-7789-0

Ⅰ. ①动⋯ Ⅱ. ①王⋯ Ⅲ. ①兽疫-防疫
Ⅳ. ①S851.3

中国版本图书馆 CIP 数据核字(2021)第 265269 号

动物疫病防控技术   主编　王桂军

出 版 人：丁凌云　选题策划：丁凌云　蒋贤骏　陶善勇　责任编辑：李　春
责任校对：李　茜　责任印制：梁东兵　　　　　　　　　装帧设计：冯　劲
出版发行：时代出版传媒股份有限公司　　http://www.press-mart.com
　　　　　安徽科学技术出版社　　　　　　http://www.ahstp.net
　　　　　(合肥市政务文化新区翡翠路 1118 号出版传媒广场,邮编:230071)
　　　　　电话：(0551)63533330
印　　　制：合肥华云印务有限责任公司　　电话:(0551)63418899
(如发现印装质量问题,影响阅读,请与印刷厂商联系调换)

开本：720×1010　1/16　　印张：6.75　　　　字数：100 千
版次：2021 年 12 月第 1 版　　　2021 年 12 月第 1 次印刷

ISBN 978-7-5337-7789-0　　　　　　　　　　　　定价：30.00 元

版权所有,侵权必究

"助力乡村振兴出版计划"编委会

主 任
查结联

副主任
罗 平　卢仕仁　江 洪　夏 涛
徐义流　马占文　吴文胜　董 磊

委 员
马传喜　李泽福　李 红　操海群
莫国富　郭志学　李升和　郑 可
张克文　朱寒冬

【现代养殖业实用技术系列】
(本系列主要由安徽省农业科学院组织编写)

总主编: 徐义流
副总主编: 李泽福　杨前进

出版说明

"助力乡村振兴出版计划"（以下简称"本计划"）以习近平新时代中国特色社会主义思想为指导，是在全国脱贫攻坚目标任务完成并向全面推进乡村振兴转进的重要历史时刻，由中共安徽省委宣传部主持实施的一项重点出版项目。

本计划以服务区域乡村振兴事业为出版定位，围绕乡村产业振兴、人才振兴、文化振兴、生态振兴和组织振兴展开，由《现代种植业实用技术》《现代养殖业实用技术》《新型农民职业技能提升》《现代农业科技与管理》《现代乡村社会治理》五个子系列组成，主要内容涵盖特色养殖业和疾病防控技术、特色种植业及病虫害绿色防控技术、集体经济发展、休闲农业和乡村旅游融合发展、新型农业经营主体培育、农村环境生态化治理、农村基层党建等。选题组织力求满足乡村振兴实务需求，编写内容努力做到通俗易懂。

本计划的呈现形式是以图书为主的融媒体出版物。图书的主要读者对象是新型农民、县乡村基层干部、"三农"工作者。为扩大传播面、提高传播效率，与图书出版同步，配套制作了部分精品音视频，在每册图书封底放置二维码，供扫码使用，以适应广大农民朋友的移动阅读需求。

本计划的编写和出版，代表了当前农业科研成果转化和普及的新进展，凝聚了乡村社会治理研究者和实务者的集体智慧，在此谨向有关单位和个人致以衷心的感谢！

虽然我们始终秉持高水平策划、高质量编写的精品出版理念，但因水平所限仍会有诸多不足和错漏之处，敬请广大读者提出宝贵意见和建议，以便修订再版时改正。

本册编写说明

近年来,我国畜牧养殖业得到快速发展,养殖规模和养殖模式都发生了改变,畜禽疫病风险增加,防控形势愈加严峻。本书的目的就在于提高基层畜禽养殖人员、兽医技术人员对当前畜禽疫病的认识,提升对畜禽疫病的诊疗水平,规范使用兽药、疫苗等,为此,本书重视基本理论、基本知识,除注重系统性、科学性外,同时还具有以下特色:(1)实用性和可操作性。考虑到本书的主要读者对象为基层养殖人员和疫病防控员等,本书对动物疫病的防控介绍比较详细、具体,以使其具有实用性和可操作性。(2)时效性和新颖性。本书包含近几年在我国新发的传染病,如鸭坦布苏病毒病、鹅星状病毒病等。

本书系统地介绍了动物疫病防控工作的各个环节,理论与实践并重。同时,章节分配合理,逻辑性强,方便即查即用,利于及时采取有效的防治措施,制定合理的饲养管理方案,以达到防治动物疾病、促进养殖业发展的最终目的。

目　录

第一章

动物疫病防控的基本原则

▶ 第一节　动物疫病综合防控相关概念

一　动物疫病的预防

采取各种措施将畜禽传染病排除于一个未受感染的畜禽群之外。通常采取的措施有加强环境控制、改善饲养管理条件,提高动物群体的一般抗病能力。适时进行免疫接种,定期进行卫生消毒和杀虫工作,及时无害化处理粪便。引进动物时严格隔离和检疫;及时发现并消灭传染源。

二　动物疫病的控制

采取各种措施,减少或消除畜禽传染病的病原,降低已出现于畜禽群中畜禽传染病的发病率。并将该种传染病限制在局部范围内,采取就地扑灭的防疫措施。它包括患病畜禽的隔离、消毒、治疗、紧急免疫接种或封锁疫区、扑杀传染源等方法,以防止传染病在易感畜禽群中蔓延。

三　动物疫病的消灭

在一定的地区范围内消灭某些畜禽传染病的病原体。畜禽传染病的

消灭空间范围分为地区性、全国性和全球性三种类型。在一定地区范围内消灭某些畜禽传染病,可以采取兽医综合性防疫措施,严格立法执行、对传染源进行选择屠宰、检疫隔离并宰杀淘汰患病畜禽、加强群体免疫接种、严格消毒、控制传播媒介等措施。

四 动物疫病的净化

通过采取检疫、消毒、扑杀或淘汰等技术措施,使某一地区或养殖场内的某种或某些畜禽传染病在限定时间内逐渐被清除。不同地区或养殖场同时进行传染病净化是消灭传染病的基础和前提条件,因此传染病净化是目前国际上许多国家对付某些法定畜禽传染病的通用方法。

▶ 第二节 动物疫病综合防控的原则

一 预防为主

预防为主就是通过免疫接种等措施保护易感动物,采取措施控制传染源、切断传播途径,最大限度地减少动物疫病发生。随着养殖规模、存栏数量的激增,发生疫病的风险加大。贯彻"预防为主"方针,可以有效地预防和控制动物疫病的发生和流行,促进养殖业的稳定发展,保护人体健康。

二 疫病监测预警

不同动物传染病在时间、地区及动物群体中的分布特征、危害程度和影响流行的因素有一定的差异。定期对本地区或养殖场动物群体免疫

抗体水平和病原检测,开展流行病学调查,评估疫病发生的风险,以对可能发生的疫病疫情预测预警,制定适合本地区或养殖场的传染病防治计划或措施。

第三节　动物疫病综合防控的基本内容

动物疫病的传播流行是由传染源、传播途径和易感动物三个相互联系的环节而形成的一个复杂过程。因此,采取适当的措施来消除或切断三个环节的相互联系,就可以阻止传染病的流行。

在采取具体防疫措施时,必须从"养""防""检""治"四个方面采取综合性的防疫措施,方可控制动物传染病的发生和蔓延,具体包括:认真选址,合理规划与布局、设置完善的消毒设施,建立严格的兽医卫生消毒制度,搞好预防接种和药物预防,建立疫情监测制度。

对死亡的动物应及时解剖和化验,并做好记录分析,以了解疫情动态,对于某些重大疫病(如鸡新城疫、猪瘟等)应用血清学方法进行定期疫情监测,掌握疫情动态。从场外引进的动物,要严格进行检疫,隔离观察 20~30 天,确认无病后方可合群饲养。

第四节　动物疫病综合防控的工作要求

动物疫病的综合防控要从动物群体养殖安全出发。根据本场实际,制定科学规范的饲养管理制度和免疫程序。畜禽疫病的发生是多种因素相互作用的结果,因此当发生传染病时,除及时诊断查明致病的病原

之外,还应考虑外界环境、管理条件、应激因素、营养状况、免疫状态等因素对疫病发生的影响。采取综合性防疫措施,才能有效地控制传染病的发生。

▶ 第一节 禽 流 感

禽流感是家禽流行性感冒的简称,由流感病毒感染所引起,一年四季都可发生,不同日龄、性别和品种的鸡都能感染发病。除家禽外,有些流感病毒对人也会造成感染,进而引发较大的公共卫生安全事件,危害较大。

一 病原

禽流感病毒大部分的亚型病毒致病性较弱,但有些致病性较强,如H5、H7等曾在世界各地发生流行,并导致人的感染。当鸡群受到大的应激影响时,机体免疫力出现暂时性下降,会引发鸡群发生禽流感疫情。

二 流行病学

禽流感会导致多种类型的禽类被感染,其中鸡和火鸡是最容易被感染的禽类,鸭类和鹅类被感染的概率较小。在一般情况下,禽流感经呼吸道和消化道等途径进行传播,潜伏期从几小时到数天,最长可达 21 天。发病率和死亡率会受到年龄、性别或者后续感染等情况的影响。

三 临床症状

临床症状出现初期,患病鸡的体温升高到 40℃左右,精神状态逐渐变差,鸣叫声变小,不断地缩颈,呆立在圈舍中不愿意走动或卧地不起,嗜睡,采食量急剧下降,粪便颜色呈现黄绿色或黄白色。病鸡脚鳞出血;腿部会呈点状性出血;鸡爪有树枝状出血;鸡冠出血或发绀,甚至坏死。部分病鸡在临死前会出现呼吸困难和全身发紫等症状,头部和面部水肿。部分患病鸡在发病一段时间后还会表现出神经症状,头颈向后仰,全身肌肉抽搐,不能正常行走,行动时左右摇摆,最终瘫痪。产蛋阶段的鸡受到病毒侵染后,表现为产蛋率显著下降,产出的蛋壳发生褪色现象,鸡蛋畸形率显著增高,严重的不能正常生产。

四 病理变化

呼吸系统:出现气管水肿状况,有黏性分泌物、肺充血,急性死亡的病鸡的肺呈现红褐色。

生殖系统:产蛋鸡的卵泡发生变形、充血,腹腔内部有已经破损的卵黄,输卵管内出现分泌物,子宫黏膜出血。

其他:内脏黏膜、腹部脂肪等呈点状性出血,肾肿胀,有的会出现痛风、淋巴组织坏死,死鸡的肛门有出血性潮红。

五 诊断

在诊断禽流感的时候,要注意将其和鸡传染性支气管炎、鸡产蛋下降综合征、鸡传染性鼻炎等病相区分。禽流感的临床症状和病理变化有较大差异,确诊需要实验室诊断,进行病毒亚型鉴定。

六 防控措施

养殖场的病情确诊后,对存在临床症状、经过检测为禽流感病毒感染的鸡群全部进行无害化处理。在未发病鸡群的饲料和饮用水中分别添加维生素、微量元素和黄芪多糖可溶性粉剂,连续使用 1 周,提高鸡群抵抗力,同时要保持夜间照明,让鸡充分地饮水、活动,必要时每天夜间人为驱赶 2 次。同时,连续多次对鸡群进行血清检测,检测出带毒鸡后,立即对其淘汰处理,并对鸡群进行有效的净化处理。及时清除养殖场的各种粪便污染物,做好科学分群处理,合理养殖密度。对养殖场的疫苗免疫程序做出动态化调整,在鸡的 10 日龄、25 日龄和 120 日龄选择使用 H9 亚型、H5 亚型禽流感疫苗。

▶ 第二节 新 城 疫

新城疫又名"鸡瘟",是一种急性的高度接触性疾病,其感染的对象主要以鸡、火鸡和野鸟为主。病鸡主要表现为呼吸困难、精神不振、下痢和黏膜出血等,偶尔伴有瘫痪等神经症状。

一 病原

新城疫病毒属副黏病毒科腮腺炎病毒属,在体外生存主要受环境温度、湿度及病毒自身数量、毒株种类等因素影响,对酸、碱的耐受力较强,在低温条件下能生存几个月。病毒对消毒剂、高温和紫外线照射等较为敏感,多数去污剂都能将该病毒迅速杀死,如使用 5%漂白粉、1%氢氧化钠和 75%酒精作用 20 分钟就可杀死该病毒。

二 流行病学

新城疫病毒可感染任何品种、各个日龄的鸡,雏鸡和中雏鸡比成年鸡易感染,其次,火鸡、鸽子、乌鸦和孔雀也对新城疫较为易感,但主要发生在鸡和火鸡中。病鸡、带毒鸡和其他鸟类是新城疫的主要传染源,处于潜伏期的病鸡产的蛋也含有病毒。新城疫属于高度接触性和急性传染病,主要通过消化道和呼吸道感染,既可以通过被污染过的饮水和饲料、病鸡和带毒鸡排出的粪便和分泌物等传播,也可通过交配、器械、垫料、运输车辆等引起感染。该病的发生没有明显的季节性,一年四季均可发病,但在春季、冬季发病率较高。

三 临床症状

通常,新城疫的潜伏期是 2~18 天,自然感染为 4~5 天。该病的主要特征是呼吸困难,下痢,黏膜、浆膜出血和神经症状。由于不同品种和个体间的易感性不同,在临床上可分为最急性型、急性型、亚急性型和非典型性型 4 种类型。

1.最急性型

病鸡突然发病,无特征性症状的突然死亡,多出现于疫病流行初期的雏鸡和中雏鸡。

2.急性型

正常鸡感染后,会出现下列症状:体温上升,一般在 43~44℃,食欲大减,饮水量增加,昏睡不起;咳嗽、呼吸紊乱,时常发出"咯咯"的声音、呼吸困难、喘气;羽毛松乱无光泽,垂头无精神,翅膀下垂,眼睛半闭合或者全闭合。产蛋鸡患病后,会出现下列症状:食欲不振,软壳鸡蛋增多,蛋壳颜色变浅;鸡冠和肉髯发紫;嗉囊胀满,内部充满酸臭液体和气体,会从

嘴中流出臭液;严重下痢,排浅绿色甚至染血粪便;在发病后期表现出阵发性痉挛、肌肉震颤、翅腿麻痹、角弓反张等神经症状。患病鸡群的死亡率超过90%。

3.亚急性型

病鸡症状较轻,表现为翅膀麻痹、跛行或站立不稳,头部向一侧歪曲,动作失调,反复发作。有的病鸡会出现食欲不振并逐渐消瘦,最终死亡。该类型多发于疫病流行后期的成年鸡,死亡率较低,通常只会导致幼年鸡死亡。少数耐过病鸡的神经症状持续时间可达数月,严重影响鸡的正常生长。因此,要及时淘汰出现神经症状的病鸡。

4.非典型性型

主要出现呼吸系统和神经系统症状,常见的如斜颈。有免疫力的产蛋鸡会出现产蛋量下降以及产无色蛋壳、畸形蛋的情况。此类型的病鸡发病率和死亡率低,多发于免疫鸡群。

四 病理变化

发病鸡的口腔、咽部积有黏液,嗉囊内充满酸臭、浑浊液体,黏膜糜烂或浅溃疡。腺胃黏膜的腺体开口处有环状充血或出血。腺胃口和腺胃与肌肉交界处的黏膜有出血或坏死症状。肌胃剥去角质膜,黏膜皱襞有充血或出血。十二指肠的升段中间处可见椭圆形出血斑、坏死溃疡灶,病灶隆起,呈灰黄色,干燥,有绿色黏液或暗紫色出血坏死覆盖在表面。盲肠扁桃体肿胀,有出血或坏死现象。可见小肠黏膜有特征性坏死现象。此外,泄殖腔黏膜和直肠有充血、出血,有时有灰黄色麸皮样坏死灶,病灶周围有出血现象。鸡在产蛋期间感染该病,鸡卵泡充血、出血,卵泡的顶部有血沟或疤痕出现。

（五）诊断

当发现鸡群的采食量出现明显下降、产蛋量下降，并伴有呼吸道症状、拉绿色粪便和有神经症状时，首先，应考虑是新城疫的可能。其次，根据鸡群的流行特点、症状和病理变化等来做出初步诊断。要与维生素 B 缺乏症、传染性支气管炎、禽流感、禽脑脊髓炎、马立克病、禽霍乱和某些中毒病相区别。

（六）防控措施

鸡新城疫的预防是一项综合性工作，需做好饲养管理、消毒、免疫和监测等措施。

1.加强饲养管理

合理规划场区，建设粪污处理区，将其与生活区和生产区等区域隔开。完善通风、取暖和消毒等基础设施，保障鸡舍内的温度和湿度，避免引发呼吸道类的疾病。

2.加强消毒

要制定严格的防疫消毒制度，杜绝病毒进入养殖场并扩散到相邻鸡场。清扫鸡舍后进行彻底的消毒，包括鸡舍及附近环境，并且饲养人员进出养殖场时也要对饲养工具、衣物等进行消毒，无关人员尽量不进入场内参观，以最大限度地减少病毒的传播。

3.科学免疫

第一次免疫在 5~7 日龄进行。用Ⅳ系疫苗点眼、滴鼻。第一次免疫后 15 天进行第二次免疫。用Ⅳ系疫苗饮水或点眼、滴鼻。饮水时疫苗量要增加 0.5~1 倍。第三次免疫在第二次免疫之后 25 天以内。如果鸡场的规模较小、条件较差，又处于新城疫频发地区，就要选择时机进行第四次免

疫。育成期但未产蛋前用Ⅰ系疫苗肌肉免疫。商品肉鸡的养殖时间较短,在5~7日龄或10日龄用Ⅳ系疫苗点眼、滴鼻。同时,肌肉或皮下注射0.25毫升油乳剂灭活苗即可。

第三节 禽白血病

禽白血病是由禽白血病病毒引起的禽类多种肿瘤性疾病的总称。本病在世界各地均有发生,是危害养禽业的主要疾病之一。禽白血病导致的经济损失表现在三个方面:一是产生肿瘤,导致鸡的死亡;二是产生非肿瘤综合征,表现为生产指标发生变化,由此严重影响养鸡生产;三是感染后可引起鸡的免疫抑制,继发诸如马立克病、鸡传染性法氏囊病、鸡传染性贫血等免疫抑制病,从而造成更严重的损失。

一 病原

根据病毒与宿主细胞特异性相关的囊膜蛋白的抗原性,禽白血病可分为11个亚群,其中A、B、C、D、E、J和K7个亚群能感染鸡。病毒对外界不良因素的抵抗力较差,对热特别敏感。对酸类、碱类溶剂耐受性非常差,鸡场消毒时可选择酸类、碱类消毒剂,既可节约成本,又可以保证消毒效果。

二 流行病学

病鸡和隐性感染鸡是本病的主要传染源, 一年四季都可发生流行,以性成熟后的鸡群发病率为最高,尤其是种鸡群。除了鸡之外,野鸡、鸭、鹌鹑、鸽、鹧鸪、火鸡等也能被感染,不同品种或品系的鸡对病毒的抵抗力差异较大,白羽肉鸡的种鸡群发病率最高,罗斯 308、京白、新布罗鸡则不易感。本病可经种蛋垂直传播,也能水平传播。种鸡感染后,病毒经种蛋传播至下一代,并让其终身带毒。本病的潜伏期很长,呈慢性经过,小鸡感染、大鸡发病,一般 6 月龄以上的鸡才出现明显的临床症状和死亡。各种应激条件对本病有促发作用,如营养不良、滥用药物、长途运输、注射疫苗、饲料变更、天气突变,以及饲养密度过大等。

三 临床症状

鸡只发病后,表现为食欲减退、精神沉郁、渐进消瘦。冠及肉髯苍白、皱缩或暗红,偶尔颜色发青、发紫,颈部、背以及翅侧等处皮肤常有出血点,不容易止血。个别也在头部、鼻孔部、爪部等处出现血疱,血疱破后血流不止,有的直至死亡为止,有的病鸡流血后在血疱处凝固成痂,过一段时间,血痂破了后又开始流血,经过反复几次流血,有的直至死亡。有的病鸡还表现为腹部增大,像腹水症,有时可在体表摸到肿大的肝脏。病鸡也存在着突然死亡的现象,日渐消瘦,站立不稳,行走时呈企鹅状,腹泻、下痢和排绿色粪便。

四 病理变化

随着鸡白血病的病情逐渐发展,可在肺、脾、肝、肠、睾丸、卵巢等器官引起病变生成肿瘤,肿瘤一般为灰白色、淡灰黄色的肿块,大小和数量在各个器官上存在差异,通常最为常见的是肝脏、脾脏的病变。一般病鸡的肝脏比正常鸡的肝脏大 5~15 倍,可延伸到耻骨前缘,充满整个腹腔,俗称"大肝病"。肝的质地脆弱,伴有大理石纹路,表面有灰白色肿瘤病灶或弥散性蚕豆大小的肿瘤。法氏囊肿瘤性增生,极度肿胀。肾脏可见肿瘤,呈肉样病变。脾脏肿胀,形似乒乓球,表面有弥散性肿瘤增生。病鸡肋

骨骨节、龙骨等器官组织也会出现肿瘤。

五 诊断

本病的临床诊断依据是流行病学特点和病理剖检，同时应注意与内脏性马立克病相区别，要注意从以下几个方面进行鉴别诊断。鸡患了马立克病，所有脏器都会引起肿瘤，还会引起神经（特别是坐骨神经）、眼和皮肤的肿瘤，而禽白血病引起的肿瘤主要在肝、脾、肾等器官。由于该病毒在鸡群中广泛存在，病毒学方法和血清学方法在确诊该病时意义不大，但如果将病原的分离鉴定与酶联免疫吸附试验或间接免疫荧光试验相结合，可以简便、快捷、敏感、高效地对鸡群禽白血病进行批量检测，有效地用于流行病学的调查和净化工作。

六 防控措施

本病目前没有特效药物能够治疗。

控制禽白血病主要从建立无禽白血病的鸡群开始。一般在每一批产蛋鸡产蛋前，常使用酶联免疫吸附试验或其他血清学方法进行检测，对阳性者进行淘汰。在隔离条件下，如果对每批鸡都能进行检测淘汰，连续经过3~4代的有计划的检测淘汰，整个鸡群的禽白血病感染率会明显降低，甚至禽白血病有可能被消灭。对于条件有限的，若不能进行净化，也可通过检测和淘汰带毒的母鸡，降低感染率。为预防刚出生的雏鸡被感染，应严格按计划对孵化器、出雏器、育雏室等采取具有针对性的消毒措施，可以有效避免来自先天种蛋的传播。

1.加强日常管理

各种应激条件对本病有促发作用。因此，要给鸡群提供适宜的温度、光照、湿度、通风和养殖密度，切断病原传播途径，控制病原繁殖，避免鸡

受到应激刺激或感染,提高环境控制水平和鸡体抗病能力。饲喂全价饲料来提高鸡的营养水平,从而增强抵抗力。

2.构建科学的疾病防控体系

制定严格的卫生防疫制度并认真执行,每周定期对环境和鸡舍进行消毒。实行全进全出制度,发生感染时应立即将鸡群隔离,不准随意转群,经过进一步检测核实后采取相应措施,并按相关规定处理病鸡。减少水平传播;定期开展病原监测,掌握疾病感染状况;执行合理的免疫程序,确保疫苗无外源病毒污染。

3.净化

从无外源性 ALV 感染的种鸡场选购苗鸡,严格控制禽白血病阳性带毒鸡进场,最大限度地隔离引进鸡苗。做好种鸡场饲养管理,所有的设备(孵化器、出雏器、育雏室、育成室、禽舍等)在每次使用后必须彻底清洗和消毒。应用血清平板凝集法检测鸡群,淘汰阳性鸡,以建立净化鸡群。

▶ 第四节　马立克病

马立克病是由一种疱疹病毒引起的鸡的淋巴组织增生性肿瘤病,其特征为外周神经淋巴样细胞浸润和增大,病鸡的一肢(翅)或者两肢(翅)出现麻痹,内脏、气管、眼球及皮肤上出现肿瘤样病灶。鸡群中一旦有鸡发病,常会造成鸡群大批死亡,甚至引起全群灭亡,给养鸡场造成的损失巨大。

 病原

马立克病毒对外界的抵抗力不强,在 60℃的环境下 10 分钟就可以

被杀死,并且对多种常见的消毒剂敏感。马立克病毒存在很多类型的毒株,各种毒株的毒力有很大的差别。毒力强的毒株常引起急性型马立克病;毒力低的毒株常引起神经性病变,内脏器官发生肿瘤的比较少。

二 流行病学

马立克病具有很强的传染性,鸡是该病毒的唯一自然宿主,所有鸡均为该病的易感动物。病鸡以及隐性带毒鸡均为传染源。马立克病毒通常会在病鸡羽毛囊的上皮细胞中发育成熟,成为具有传染性的包膜病毒,由上皮细胞释放到环境中,可以污染圈舍内的垫料、饲料及饲水。该病毒在环境中可以存活数月之久,病鸡的皮屑、羽毛及圈舍的灰尘都能成为传播媒介,而最常见的传播方式是飞沫传播。被感染的鸡经过 1 个月左右的潜伏期才会表现出相应的临床症状,在潜伏期内的带毒鸡也具有传染性,是重要的传染源。另外,鸡群的发病率、死亡率和性别、年龄以及生活环境有很大的关系。一般来说,母鸡比公鸡更易感,年龄越小,发病率越高,尤其 1 周龄内的雏鸡最易感染,随着年龄的增长,发病率逐渐降低。1~4 月龄鸡为发病高峰,青年鸡感染后多表现为急性型。

三 临床症状

根据病变的部位和临床表现可以分为 4 种类型,分别为神经型、内脏型、眼型和皮肤型,有时也可以混合发生。鸡群感染后,以神经型症状为最多,主要表现为运动障碍,病鸡步态不稳,一肢(翅)或者两肢(翅)出现不完全麻痹症状,随着病情的发展,两肢(翅)变成完全麻痹,不能站立。病鸡最为典型的表现为"劈叉"姿势,一只脚伸向前方,另一只脚伸向后方。病鸡受损的神经部位不同,表现的症状也不相同,臂神经受损表现为翅膀下垂,迷走神经受损表现为嗉囊麻痹、呼吸困难,支配颈部肌肉的

15

神经受损表现为头颈歪斜。眼型主要侵害单眼或双眼,视力丧失或减弱,表现为虹膜受到损害,正常的色素消失,到后期整个瞳孔只剩下针尖大小。皮肤型主要表现为皮下组织出现大小不等的肿瘤结节。在大群饲养的时候,有的病鸡由于运动障碍、失明等造成不能采食,因饥饿、失水而死亡,还有的病鸡会被同群的鸡践踏而死。

（四）病理变化

1.神经型

该型在周围神经部位的发病情况比较显著,常见的是腹腔神经丛、臂神经丛和坐骨神经丛等。病变神经的显著特点是肿大,相比健康鸡而言,有的甚至肿大数倍,往往呈现灰白色或灰黄色,并且有水肿样外观。

2.内脏型

该型显著的特征是整个器官或局部病变组织肿大,几倍大于原状,肿瘤组织多在心脏、肝、肺等处的表面。肝脏呈结节或浸润状,肿大可达数倍,表面平滑或粗糙,小叶结构消失。肾、脾、睾丸可能成为一个巨大的肿瘤,卵巢亦常呈一个白色半透明花叶状的巨大肿瘤。腺胃则变得肥厚硬实,透过浆膜面或切面,可见明显的区域性的病变。心脏肿瘤组织呈弥散性浸润,可见心肌苍白、肥厚、硬实或呈多发性肿瘤结节。

3.皮肤型

该型病变是毛囊肿大或皮肤结节,呈灰白色结节,甚至形成淡褐色痂皮,常见多发部位是大腿、颈部、背部等有粗大刚毛的地方。肌肉的病变常见于胸肌组织中,多呈灰白色条纹状或为结节状肿瘤。

（五）诊断

在临床诊断过程中,可依据其典型症状,比如出现劈叉、失明、皮肤

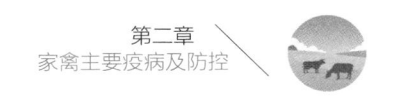

肿瘤等。据内脏肿瘤、神经变化等病变也可做出初步诊断。此外,结合组织学检测、肿瘤细胞学检测、荧光免疫法进一步进行确诊。

马立克病与禽白血病的临床症状相似,在临床诊断时应予以区分鉴别。鸡马立克病通常侵害的是外周神经以及皮肤羽毛囊,其肌肉、虹膜及法氏囊均为萎缩性伤害,观察到的肿瘤组织也是大小不一、形状各异;而鸡禽白血病一般是法氏囊肿大,有时可见结节状肿瘤,且肿瘤大小相对一致,形态较为类似。

六 防控措施

接种疫苗是预防本病的主要措施,最常用的疫苗是用火鸡疱疹病毒制作的疫苗,但必须结合综合卫生防疫措施。对马立克病的控制应包含以下方面。

1.加强卫生消毒管理

加强养鸡环境的消毒工作,特别是孵化场所要定期消毒,防止刚出壳的雏鸡感染病毒。在种蛋产出后 2 小时内应使用药物(0.03%的碘酸溶液)对种蛋室进行烟雾熏蒸消毒,使用 0.0025%的癸甲溴氨溶液带鸡进行消毒,对鸡舍内外环境、器具以及鸡舍墙壁、垫草等每天消毒 1 次。肉鸡群体应该按照全进全出制度,每次全出以后,需要空舍 7~10 天,进行彻底清洗和环境卫生消毒,再饲养下一批次。

2.疫苗接种

雏鸡出壳后 24 小时内应立即注射鸡马立克病疫苗。由于各地出现了马立克病毒强毒株,通常使用鸡马立克病毒 I 型+III 型二价活疫苗进行免疫接种。应尽量保持初生的雏鸡饲养环境的清洁卫生,定期消毒,以防止在育雏早期感染马立克病毒野毒株。

3.做好发病后的处理工作

对病鸡做好检疫工作,隔离淘汰病鸡。要清除感染场地内的所有鸡,并做好病鸡及其排泄物无害化处理。感染的鸡舍要进行彻底消毒,空置数周以后再引进新鸡,做好综合防疫十分重要。

 **第五节　鸡传染性喉气管炎**

鸡传染性喉气管炎是鸡的一种急性呼吸道传染病,其特征是呼吸困难、咳嗽、伸脖喘、气管分泌物中混有血液。本病传播快、致死率高,危害养鸡业的发展。

一　病原

本病的病原为鸡传染性喉气管炎病毒,该病毒对热比较敏感,55℃环境中不到 15 分钟即可被破坏,常温条件下存活时间不超过 90 分钟。

二　流行病学

病鸡和带毒鸡是主要传染源,各种日龄的鸡均易感染,通过呼吸道和眼睛传染的成年鸡的症状比较典型。其次,如果饲料、饮水和垫料等受到污染也会成为传播媒介。呼吸道和眼是传染性喉气管炎病毒自然感染的门户,也可以通过接触感染。康复鸡和疫苗接种鸡长期带毒,并向外界不断排毒,在短期内整个鸡群就会被传染。患病康复后,整个鸡群就会获得比较强的免疫力,但是康复的鸡在一定的时间内依然继续带毒和向外排毒,所以在鸡群康复后也应该引起高度重视。本病一年四季都可发生,以寒冷的冬季和春季发病率最高,以地方散发流行为主,应激对本病的

发生有促进作用。

三 临床症状

1.喉气管型

该型以呼吸道症状为主,表现为呼吸困难,每次呼吸都伸颈用力,并发出响亮的喘鸣声,表情痛苦,有时卧在地面不动,身体随着呼吸频率而呈波浪式的起伏。咳嗽或摇头时能从口腔甩出带血的组织块,在巡场时,通常能在笼壁、笼底、铁丝网、地面、水槽、料槽等处发现类似痰液一样的组织块。用力将病鸡的口腔掰开,可见喉头发红、充血,周围有带泡沫的液体。有些呼吸极度困难的鸡的喉头部位可见血液凝集块或纤维蛋白凝集块。随着病情的加重,大部分鸡会出现缺氧症状,鸡冠、肉髯、结膜等处发绀、发紫,触之发凉,最终因窒息而亡。

2.结膜型

结膜型主要表现为眼结膜炎,病鸡眼睛红肿,1~2天后开始出现流泪,眼角经常有分泌物,前期为浆液性黏液,后发展为脓性,最后出现失明且眶下窦肿胀。由于视力下降后对采食行为会造成一定程度的影响,故后期病鸡采食量不足,生长发育缓慢,产蛋鸡群的产蛋率下降,平均蛋重减轻、蛋壳变薄、畸形蛋率升高。

四 病理变化

对病死鸡解剖可发现,病死鸡嘴角有血污,病变主要在咽喉部及气管,内脏及其他器官病变不明显。典型病变是出血性气管炎,在整个气管内伴有血丝样黏液或圆柱状血凝块,严重的病例则整个气管完全被异物堵塞。剥离后,可见到黏膜表面伴有出血点或出血斑。部分病例气管和鼻道伴有黏液样渗出物和带血物质集聚,喉头和上半部分附有黄色干酪

样物质,喉头、气管及口腔中发现黄白色纤维素性渗出物或干酪物。

（五）诊断

通过流行特点、临床症状、剖检变化,可对死亡的病鸡群做出初步诊断。确诊则需要通过采取病死鸡的气管分泌物或喉管组织经过处理后用中和试验、琼脂扩散试验或酶联免疫吸附试验等方法。另外,诊断时还要做好与禽流感、鸡痘,以及鸡慢性呼吸道病、禽曲霉菌病和维生素 A 缺乏症的鉴别诊断。

（六）防控措施

1.生物安全

首先要加强饲养管理,做好鸡舍内的保温与通风,防止鸡舍内温度出现大幅度波动;在该病流行的季节,鸡场更要加强鸡舍及其周围环境的消毒,人员进出要穿着隔离服和胶鞋,鸡舍门口设置消毒盆或消毒垫。

2.疫苗接种

有鸡传染性喉气管炎发生过的地区或鸡场,可考虑接种鸡传染性喉气管炎弱毒疫苗,滴鼻、点眼(也有用饮水)免疫。目前常用的鸡传染性喉气管炎疫苗为中等毒力疫苗,初次免疫的鸡群或接种鸡日龄小,接种后会引起鸡群轻度呼吸症状,属免疫正常反应。具体操作按疫苗使用说明书进行。

第六节　鸡传染性支气管炎

鸡传染性支气管炎是由于感染传染性支气管炎病毒而发生的一种急性接触性传染性呼吸道疾病,在自然感染状态下该病只感染鸡。若鸡群从未感染过传染性支气管炎病毒或没有接种疫苗,各种日龄的鸡都易感。

一　病原

传染性支气管炎病毒各个毒株间都有较大的抗原变异,并且分为不同的血清型。不同血清型之间没有或很少有交叉免疫保护。一些传染性支气管炎病毒毒株对肾组织有明显的偏好,这些肾型毒株可以导致较高的死亡率。该病毒对环境的抵抗力弱,在56℃的条件下仅能存活15分钟。

二　流行病学

一般来说,小于6周龄的雏鸡感染后会表现出比较明显的呼吸道症状,发病率可超过九成,病死率为25%~40%,而其他鸡感染后的病死率往往在5%以下。该病的主要传染源是病鸡和带毒鸡,其排出的病毒会以飞沫形式存在于空气中,或者污染饲料、饮水等,导致其他健康鸡通过呼吸道、消化道感染发病。该病的发生与饲养环境条件存在一定的关系,一般鸡群过于拥挤、舍内温度过高或者过低、栏舍没有适当通风和缺乏营养等,都可诱发该病。该病的发生不呈现季节性,但以冬春季节较多,其发生后快速传播,基本上在同一时间内接触过病鸡的易感鸡都能够发病。

另外,该病往往与其他呼吸道疾病出现相互继发感染或者混合感染。

三 临床症状

1.呼吸型

患病鸡只体温呈现出快速升高态势,食欲不振,咳嗽、流鼻涕等症状明显。幼雏鸡患病后,2~3天即可死亡。中雏鸡、大雏鸡患病后,由于有较多黏液存在于病鸡的气管中,会发出异常的呼吸音,通常持续1~2周。之后,出现下痢症状,粪便呈黄白色。成年鸡患病后,呼吸道症状快速出现,且严重降低产蛋量与蛋的品质,出现水状稀薄蛋白,软皮蛋、畸形蛋的发生率也显著提高。

2.肾型

患病鸡只初期呼吸道症状较为轻微,数天之后各种呼吸道症状基本上完全消失,但接着会有剧烈的水样腹泻现象产生,且有白色尿酸盐等混杂于病鸡粪便当中。病鸡食欲减退,饮水量增多,体重下降明显,甚至会死亡。通常情况下,患病鸡群集中于发病后10~12天时死亡。若病情较为严重,可以达到六成死亡率。

四 病理变化

1.呼吸型

剖检病死雏鸡,可发现有大量浆液性、干酪样性渗出物存在于病鸡呼吸道内,气囊浑浊度较高,表面附着一些干酪样的黄色渗出物。病死成年鸡会有卵黄性腹膜炎症状出现,部分病死鸡的卵巢充血、出血等症状明显,输卵管长度、质量发生变化,或有囊肿问题存在。

2.肾型

剖检病死鸡只,发现病变主要集中于肾脏部位,肾脏比正常形态肿

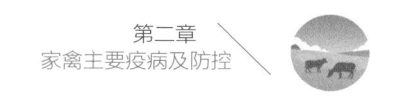

大 2~3 倍,通常为花斑状表面,且有大量尿酸盐存在。尿酸盐同样沉积于肾脏切面,以放射状形态存在。由于尿酸盐大量存在于病死鸡只的肾小管、输尿管中,导致肾小管、输尿管粗度显著增大。石灰样稀便大量存在于病死鸡只直肠末端的膨大部位,一些病死鸡肝脏肿大明显,灰白色尿酸盐沉积于心包膜、肝被膜等部位。病死鸡喉头黏液较多,气管、支气管充血症状显著,有灰白色黏液状分泌物存在。

五 诊断

根据流行病学、临床症状和病理变化可做出初步诊断,确诊需要根据实验室诊断。另外,要注意与痛风病鉴别诊断,尽管病鸡也会排出白色稀粪,且有肾脏发生肿大等病变,但具有较低的发病率和病死率,且病程进展缓慢、病程持续时间较长,病鸡通常没有表现出明显的呼吸道症状,而且相比于肾型传染性支气管炎,气管、内脏中沉积更多的尿酸盐,特别是跗关节往往都覆盖着白色的尿酸盐,而肾型传染性支气管炎不具有该症状。

六 防控措施

该病没有有效的治疗药物,要采取综合防控的原则,同时提高养殖场的饲养管理水平,加强日常的免疫工作。

1.加强鸡舍卫生消毒

鸡传染性支气管炎的主要传播途径是病鸡通过呼吸道和消化道将病毒传染给健康鸡。因此,保证圈舍的干净卫生非常重要。第一,选择适合的消毒药剂,如硫酸氢钾、碘制剂等。如果在疫病的高发阶段,可以每天消毒 1~2 次。在日常的饲养过程中,结合养殖场的实际情况选择消毒的次数。第二,合适的消毒剂也能够消灭鸡舍内的其他病毒类和细菌类

的病原。第三,需要注意的是,如果温度太低的话,很容易造成鸡群感冒,为了提高消毒的效果,应该选择在晴天进行消毒。绝不能从有该病或没有经过净化该病的祖代场引入鸡苗。

2.疫苗接种

目前,鸡传染性支气管炎免疫预防使用的疫苗可分成两大类,分别是灭活苗和弱毒苗,其中常用 H52、H120、Ma5 以及 28/86 等弱毒苗。一般来说,鸡群首次免疫适宜使用 H120,这是由于其具有较小毒力,在 14 日龄时使用安全性较好;8~10 周龄,可选择使用毒力相对较强的 H52。同时,为预防肾型传染性支气管炎的发生,适宜使用 Ma5 作为基础苗进行免疫。

饮水免疫、气雾免疫、滴鼻免疫及点眼免疫是常用的免疫方法,其中比较常用的为饮水免疫,但是相比于气雾、滴鼻和点眼免疫的效果要差一些。

第七节　鸡传染性法氏囊病

鸡传染性法氏囊病又称传染性法氏囊炎、传染性腔上囊炎、禽肾病,是由传染性法氏囊病病毒引起的禽重大传染疾病之一,现已遍及全世界养禽业。该病具有高度传染性,发病迅速,能够破坏鸡的免疫系统,影响鸡的生长和发育,损害非常严重。

 **病原**

鸡传染性法氏囊病毒主要对鸡的法氏囊有亲嗜性,会破坏宿主体内所有的淋巴细胞。该病毒抵抗力较强,对乙醚和氯仿不敏感且强酸环

境下仍具有活性,并且对酸、热具有一定的抗性,可在56℃环境下存活5小时,可长时间存活于鸡舍。在pH为12或70℃条件下处理30分钟可灭活,但对杀菌剂更敏感,通常使用5%福尔马林和0.5%氯胺可以有效杀死该病毒。

二 流行病学

该病主要感染鸡和火鸡。病鸡和带毒鸡是主要传染源,健康鸡可经呼吸道、种蛋和消化道感染,常常是通过被污染的饲料、粪便、鸡舍用具、垫料、饲养员的衣服等途径感染此病。该病的发生与鸡的日龄密切相关,这是由于不同日龄的鸡对其敏感性存在差异。一般来说,2~11周龄的鸡能够感染发病,其中在3~6周龄多见,特别是1月龄左右最易发病。易感鸡群有非常高的发病率,往往在80%~100%,但病死率不等。如果继发感染其他疾病,则病死率可超过40%,雏鸡感染后死亡率能够超过80%。该病的发生不呈现季节性,即一年四季都可发生,其中以初夏季节较易发病。另外,如果鸡场给鸡群接种弱毒疫苗,可使栏舍中长时间存在弱毒,对鸡场造成污染,从而导致新进鸡苗发生感染。

三 临床症状

鸡群从出现发病到扩散至全群只需要2~3天,部分鸡从出现症状至死亡只需要几小时,有时甚至没有表现出明显症状就死亡了。刚开始发病时,部分鸡会啄咬自己的肛门,接着精神不振、食欲废绝,羽毛蓬松、杂乱,活动减少,往往蹲伏在一起,出现嗜睡;部分鸡在人为迫使运动时会以跗关节着地行走,排水样稀粪,呈黄白色或者白色,且往往污染肛门周围;部分鸡的躯体和头颈部出现震颤,不能直立,眼睑部分持续保持闭合的状态,并且会出现脱水现象。通常在表现出症状1~2天后死

亡。未死亡的鸡表现贫血、生长发育缓慢、疾病多发,对应激反应的抵抗力严重下降。

（四）病理变化

由于不同患病鸡肾脏出现肿胀的程度存在显著性差异,因此不同病鸡的输尿管当中所积存的尿酸盐含量也不同。但是法氏囊发生的变化非常显著,有着非常重要的诊断意义。幼鸡在病情发展初期时,其法氏囊会发生充血和水肿,因此囊部会发生异常肿大,发病 2~3 天后法氏囊出血和水肿程度逐渐加深,甚至会肿胀到正常法氏囊大小的 2 倍。通常这种情况下,法氏囊逐渐变圆,表面会有淡黄色胶冻样渗出物,且纵行条纹明显,颜色逐渐转变为奶白色。病情到达一定程度时会发生严重出血,法氏囊会呈现紫葡萄状,在幼鸡囊腔内会有脓性分泌物。当病情逐渐发展到 4~5 天时,鸡囊腔发生肿胀程度最大。发展到后期时,法氏囊形状逐渐转变成纺锤状,相比之前会更加坚硬,直到最终演变成深灰色。法氏囊内部黏膜皱褶增加并伴有黏性分泌物和黄色干酪样物。部分鸡腺胃和肌胃有出血,肝脏肿大,表面有土黄色坏死灶,胆囊内胆汁充盈,脾脏也出现肿大,质地变脆。

（五）诊断

在高度易感鸡群中呈急性暴发、传播迅速、高峰死亡且康复迅速、法氏囊出现紫葡萄样外观等特点,结合流行病学特点可做出初步诊断。该病在诊断过程中应注意与新城疫、球虫病、马立克病进行区分。新城疫多表现为神经症状且法氏囊无肿大。球虫病与本病症状相似,但前者会出现血性下痢并且刮取损害部位的黏膜镜检后可以观察到球虫。马立克病是一种淋巴组织增生的肿瘤性疾病,以肢(翅)麻痹为主要表现。

六 防控措施

目前,本病的预防主要采取以下措施:严格做好消毒工作,加强饲养管理,提高种鸡母源抗体水平,对雏鸡做好科学的免疫接种。

免疫接种是预防此病最重要的措施,商品蛋鸡可在 12 日龄时用法氏囊弱毒疫苗进行滴鼻、点眼和饮水,22 日龄时用法氏囊中等毒力疫苗二次加强饮水免疫,确保鸡在性成熟前不会发生该病。商品肉鸡可在 14 日龄时通过法氏囊弱毒疫苗饮水免疫,在 27 日龄时,再次通过饮水或滴鼻的方式进行二免,从而保证肉鸡平稳出栏。对于种鸡来讲,开产前进行加强免疫 1 次,保护雏鸡出壳后的 2 周内不发生该病。

对发病鸡群,可注射抗传染性法氏囊病高免卵黄抗体治疗,20 日龄以下注射 0.5 毫升/只,40 日龄以上注射 1.5~3.0 毫升/只。同时,在病鸡日常饮水中加入多种维生素和电解质补液。

 第八节　鸡　白　痢

鸡白痢是家禽养殖中一种常见的高发性传染病,雏鸡发病后的死亡率非常高。鸡白痢可以通过多种途径传播,既能在鸡群中传播,又能在不同鸡场之间传播,也可以直接传给下一代。各年龄段的鸡均可感染鸡白痢,这会给养殖户造成严重的经济损失。

一 病原

鸡白痢是由鸡白痢沙门菌感染引发的一种禽类传染病。鸡白痢沙门菌适应低温环境,能够在低温环境下正常生长与繁殖,但对高温耐受性

较差,无法在高温中存活太长时间。在土壤中可存活 14 个月以上,在鸡舍中可以存活到第二年。

二 流行病学

该病任何季节都可发生,且不论品种和日龄,主要是 3~20 日龄的雏鸡容易感染发病,且肉用雏鸡相比于蛋用雏鸡有更高的发病率和病死率,临床症状为发热,排出黏液性或灰白色的粥样粪便。青年鸡感染后出现白痢,引发的损失较雏鸡白痢以及成年鸡白痢更大,成年鸡多为隐性感染和慢性感染,对其生殖系统造成伤害,引发产蛋率下降,造成成年鸡死亡或被淘汰。

病鸡和带菌鸡是鸡白痢的主要传染源,有些易感飞禽(如麻雀、鸽子等)也可作为该病的传染源。雏鸡感染后或成年鸡感染后呈现隐性感染或慢性感染都可以长时间带菌,成为鸡白痢的主要传染源。种鸡携带病菌后,可通过垂直传播导致后代雏鸡感染。另外,健康鸡与病鸡交配、接触等,也可感染发病。此外,病菌污染的饮水、饲料、食槽等,可通过消化道途径传播该病。

三 临床症状

1.雏鸡

患病雏鸡在早期不会表现出典型症状,有时会突然发生死亡,通常表现出精神不振,终日闭眼,集中卧躺,处于昏睡状,拒绝活动,食欲减退,等等。随着病程的进展,病鸡停止采食,并伴发腹泻,排出稀薄的白色粪便,且容易在肛门周围的绒毛上附着,逐渐干结后影响粪便排泄,持续尖叫,有时还有呼吸困难等症状。

2.青年鸡

主要是 40~80 日龄鸡易发,有些是在育雏期感染导致。鸡群发病后陆续表现出精神萎靡、食欲减退以及下痢,且以上症状能够持续很长时间,通常为 20~30 天,然后往往突然死亡。

3.成年鸡

成年鸡通常呈慢性感染或者隐性感染, 没有表现出任何明显症状,但产蛋鸡的产蛋量会下降,有时鸡冠发生萎缩,有些病鸡的鸡冠在刚产蛋时正常,但随着病情的进展,鸡冠会逐渐萎缩,同时伴发下痢。

四 病理变化

1.雏鸡

病死鸡脱水,脚趾干枯,肝大、充血,较大雏鸡的肝脏可见许多黄白色坏死点。卵黄吸收不良,呈黄绿色液化,或未吸收的卵黄干枯呈棕黄色奶酪样。肺内有黄白色大小不等的坏死灶。盲肠膨大,肠内有奶酪样凝结物。病程较长时,在心肌、肌胃、肠管等部位可见隆起的白色结节。

2.青年鸡

肝脏显著肿大,质脆易碎,被膜下散布或密布出血点或灰白色坏死灶。心脏可见肿瘤样黄白色白痢结节,严重时可见心脏变形。白痢结节也可见于肌胃和肠管。脾脏肿大,质脆易碎。

3.成年鸡

无症状感染鸡剖检时肉眼可见病变,病鸡一般表现为卵巢炎,可见卵泡萎缩、变形、变色,呈三角形、梨形或不规则形状,呈黄绿色、灰色、黄灰色、灰黑色等异常色彩,有的卵泡内容物呈水样、油状或干酪样。由于卵巢的变化与输卵管炎的影响,常形成卵黄性腹膜炎、输卵管阻塞、输卵管膨大,内有凝卵样物。公鸡发病会导致睾丸发炎,睾丸萎缩变硬、变小。

五 诊断

雏鸡发生鸡白痢出现泻痢症状,死亡率较高,根据症状、病理变化和流行病学特征,做出初步诊断。成年鸡感染鸡白痢要与鸡大肠杆菌病、葡萄球菌感染等鉴别诊断,确诊需进行实验室细菌分离和鉴定。

六 防控措施

1.严格引种

加强引种控制,鸡苗应从无白痢或白痢净化好的祖代场引入。引进的种鸡应进行隔离和检测,确保无鸡白痢等疫病。

2.健全生物安全措施

控制传染源、切断传播途径、保护易感动物。加强鸡场生物安全管理,增强鸡的抵抗力。

3.治疗

临床上常用青霉素、呋喃唑酮、庆大霉素、土霉素等药进行治疗。

4.净化

鸡群按一定比例采样检测,掌握鸡场鸡白痢的感染情况。根据疫病的调查结果,采取监测、分群、淘汰、强化管理等综合防控措施,将鸡白痢的临床发病率控制在最低水平,甚至无疫状态,实现种群净化。

各代次种鸡在后备鸡阶段和开产前各进行 1 次检测。阳性鸡全部淘汰并进行无害化处理,同时加强同舍鸡群监测。父母代鸡群的阳性率<0.5%,连续两年无临床病例,即为达到鸡白痢净化状态。

▶ 第九节　鸭坦布苏病毒病

鸭坦布苏病毒病是由鸭坦布苏病毒引起的一种急性传染病,以侵害蛋鸭、种鸭生殖系统造成产蛋量急剧下降和雏鸭、成年鸭出现神经症状为特征。各品种、日龄鸭均有发病报道,成了近 10 年来严重危害我国养鸭业的一种新发传染病。

一　病原

鸭坦布苏病毒对乙醚、脱氧胆碱盐敏感,加热至 56℃约 15 分钟能使病毒丧失活性。紫外线照射,有机溶剂处理很容易灭活病毒。养殖户可以选用正确的方式作为鸭坦布苏病毒的消毒方式,控制病毒传播。

二　流行病学

该病一年四季均有发生,无明显季节性。不同日龄、性别、品种的鸭和鹅均可感染该病。该病主要侵害种鸭、产蛋鸭、肉鸭,鹅偶有发生。从品种来看,产蛋鸭包括北京鸭、樱桃谷鸭、绍兴鸭、金定鸭、龙岩鸭和山麻鸭等,肉鸭包括北京鸭、樱桃谷鸭、野鸭等。鸭场的蚊子和麻雀体内可分离出鸭坦布苏病毒,发病鸭为主要传染源,水平传播可经过呼吸道传播,经粪便排毒,污染环境、饮水、饲料、运输工具等。该病毒在种鹅中能经卵垂直传播给下一代。

三　临床症状

临床上感染该病的鸭、鹅主要表现为采食量骤降,随后产蛋量大幅度下降,产蛋率在 5 天内可降至 10% 左右,甚至完全停产。病鸭、病鹅初期体温升高,部分感染鸭、鹅出现黄绿色稀便,不愿行走或趴卧,驱赶时有共济失调现象,大多数由于对水及食物摄取困难最后衰竭而亡。病鸭、病鹅后期会出现明显的神经症状,包括走路摇摆、共济失调、瘫痪、倒地不起等。该病病程大多持续 1 个月,病鸭、病鹅一般可自行恢复,但一般很难达到病前的产蛋水平。

四 病理变化

母鸭、母鹅感染鸭坦布苏病毒后,病变主要集中在卵巢,主要表现为卵巢肿胀,卵泡充血、变形、变性、坏死,卵泡膜充血、出血,卵黄破裂严重时甚至引起卵黄性腹膜炎。公鸭、公鹅感染鸭坦布苏病毒后主要表现为睾丸出血、萎缩,体积减小,精液品质低,进而受精率低。部分病鸭、病鹅肝脏肿大、瘀血,质地变脆,色泽土黄,肝细胞严重受损。心脏苍白,有坏死,大部分伴随心内膜出血。脾脏斑驳,呈大理石样花纹或肿胀,甚至破裂。胰腺表面出血、坏死。出现神经症状的病鸭、病鹅脑膜出血,脑组织水肿、出血。

五 诊断

鸭坦布苏病毒病的主要临床症状为采食量和产蛋量急剧下降,病鸭表现为发热、站立不稳、精神委顿、拉绿色稀便,少数病例出现瘫痪症状。剖检,病变主要见于卵巢,表现为卵巢萎缩,卵泡膜充血、出血,卵泡变形、变性。若病鸭出现以上临床症状和病变可怀疑为鸭坦布苏病毒感染,要想确诊该病必须进行实验室检测。

六 防控措施

1.治疗

目前来看,尚没有一种药物能对该病毒起到很好的治疗效果,多数采取对症治疗等措施加以控制。提高鸭体抗病力、控制继发感染、在饮水饲料中添加多种维生素及清热解毒的中药对控制该病有一定效果。

2.免疫

疫苗接种是控制该病最有效的措施。鸭坦布苏病毒活疫苗具有安全、免疫效果确实、免疫副反应小、免疫次数少、可紧急免疫等优点,商品肉鸭建议 5~10 日龄免疫 1 次,0.5 毫升/羽。产蛋鸭(或种鸭),首免,1~2 周龄,0.5 毫升/羽;二免,开产前 1~2 周,0.5 毫升/羽。60~80 日龄青年蛋鸭,建议开产前 4 周免疫 1 次,开产前 1~2 周免疫 1 次,每次 0.5 毫升/羽。

▶ 第十节　鸭传染性浆膜炎

鸭传染性浆膜炎是一种由鸭疫里氏杆菌引起的传染病。该病有较强的传染性,近年来,不管是发病率还是死亡率都越来越高,已经成为威胁养鸭业发展的主要传染病,该病可使雏鸭不断死亡的同时,还会导致产蛋率逐渐下滑,给养殖户造成的损失非常严重。

一 病原

鸭疫里氏杆菌属于革兰阴性小杆菌,其自身生长不会形成芽孢,同时也不存在运动状态,血清型复杂,有 21 个,互相之间没有交叉保护反应。大多数菌体在正常室温条件下存活时间较长,大约为 4 天;如果在鸭

舍垫料中,存活时间大约为 27 天。

二 流行病学

鸭传染性浆膜炎会出现在一年四季各个季节,尤其是在潮湿寒冷的冬春季节。通常情况下,1~8 周龄雏鸭受感染概率最大,对 2~4 周龄鸭危害最为严重,且持续时间较长,可能会持续到产蛋时期,从而导致产蛋量总体下降 10%~20%。如果 8 周龄以上的肉鸭感染后,可能不会表现出任何症状或发病症状表现较轻,因为成年肉鸭对该病原具有较强的抵抗能力,故发病率较低。该病死亡率与饲养管理等多种因素有着密切联系,比如在缺乏蛋白质和微量元素等情况下,该病发生的概率会大大提高。

三 临床症状

根据病鸭临床表现、病程长短分为最急性、急性、慢性 3 种。最急性病例在发病时没有任何临床症状,突然死亡在鸭群中发生率极高。而急性病例主要表现为精神涣散、嗜睡及食欲不振等,排出的粪便呈绿色,鸭群行动较为缓慢,经常出现打喷嚏、眼鼻流出黏液性分泌物,致使部分羽毛出现粘连等不良情况,病鸭在濒死前神经会出现异常症状,站立时头颈会向身体的右侧转 90°,使整个身躯呈"S"状,保持这一姿势向右转圈,这种表现是该病的典型症状。少数病鸭会出现痉挛,表现为食欲不振、废绝等现象,常常保持伏卧姿势,腿骨较软,致使鸭无法正常活动。

四 病理变化

最急性死亡病鸭无明显剖检变化,个别病鸭可见肝脏肿大、心包积液。急性死亡病鸭典型病理变化为全身组织器官浆膜表面均有纤维素性物质附着,特别是在心脏、肝脏、气囊等表面。心包积液,心包膜附着一层

黄色纤维素性物质。肝脏呈土黄色,并出现肿大情况,肝脏含有大面积纤维素性物质,且易剥离,这一病况会演化为肝周炎。鸭气囊会出现浑浊等不良情况,组织增厚变为非透明的状态,伴有大量纤维性物质的溢出,鸭气囊会产生大面积的纤维性物质。脾脏肿大,常表现为红斑驳状。当病鸭出现神经性反应时,其脑膜会呈现出充血症状。部分病死鸭还会表现为输卵管发炎和关节肿大。剖检,慢性病例可见关节腔积液、液体颜色较深等现象。

（五）诊断

根据发病情况、临床症状及剖检所见的纤维素性心包炎、肝周炎和气囊炎等病变,结合部分实验室检查结果,初步诊断为传染性浆膜炎。在此过程中依然要以镜检、荧光抗体检查为主。

（六）防控措施

1.加强饲养管理

注意鸭舍的通风、环境干燥、清洁卫生,经常消毒,采用全进全出的饲养制度。

2.免疫接种

雏鸭 7~10 日龄时首次进行鸭传染性浆膜炎灭活疫苗的皮下注射,间隔 3 周后进行强化免疫疫苗接种。免疫接种时为了减少免疫应激,可在饲料或饮水中加入电解质和多种维生素。

 第十一节　鹅星状病毒病

鹅星状病毒病主要侵害 3 周龄以下的雏鹅,死亡率可达 50%,耐过雏鹅通常表现为生长发育迟缓。因此,鹅场一旦发生此病,经济损失十分严重。

一　病原

鹅星状病毒属于星状病毒科禽星状病毒属,该病毒在外界环境中极其稳定,对苯扎溴铵、酚类、季铵盐类等大多数常用消毒剂具有很强的抵抗力；对热处理稳定，能抵抗 60℃ 10 分钟；对酸稳定，部分纯化的 TAstV-2 病毒经商业消毒剂处理后仍具有感染的能力。

二　流行病学

众多禽类都可以感染鹅星状病毒,包括鸡、火鸡、珍珠鸡、鸭等。

该病的发生无明显季节性,由于空气温度、湿度偏高,同时雏鹅抵抗力低下,饲养环境差、饲养管理不当等,给该病的传播提供了有利的条件。本病自然感染的传播途径主要是消化道和呼吸道。病毒具有广泛的组织嗜性,采集死亡雏鹅的肾脏、心脏、大脑、肝脏、脾脏等均可检测到病毒;感染鹅可通过粪便等途径排毒,排毒持续期在 12 天左右。鹅星状病毒感染禽类后,耐过禽虽然不表现出临床症状,但仍然携带病毒。此外,鹅星状病毒可在健康鹅群中存在,而不表现任何临床症状,是否有其他刺激性因素,使鹅星状病毒由潜伏状态转化为暴发状态,尚未可知。

三 临床症状

该病主要以雏鹅内脏和关节尿酸盐沉积为特征,最早可在 1 日龄发病。病鹅会出现精神不振、羽毛松乱、行动迟缓、形体消瘦、排灰白色水样粪便并污染肛门附近的羽毛,发病后期食欲减退渐至废绝,关节肿胀、跛行、卧地不起、不愿走动,部分病鹅会出现单脚站立或呈现蹲姿,喙部尿酸盐沉积,蹼苍白,最终衰竭死亡,病程持续 3~7 天。

四 病理变化

该病会可引起病鹅体内多组织器官病变,剖检可见心脏和肝脏表面被大量白色的尿酸盐渗出物所覆盖;肝脏肿大、瘀血;心包、气囊上有豆腐渣样尿酸盐沉着;肾脏肿大,色泽变淡,在其表面沉积有白色斑点状尿酸盐;输尿管集聚过多的尿酸盐而发生阻塞,明显肿胀变粗。部分病死鹅脾脏、肝脏、肾脏、肠系膜等表面覆盖一层白色薄膜;颈部皮下、腿部肌肉及腿部关节腔中出现点状或者片状尿酸盐沉积。

五 诊断

确诊鹅星状病毒病,需要通过实验室进行进一步的诊断,目前实验室的诊断方法包括电镜法、病毒分离鉴定、血清学试验和分子生物学诊断等。

六 防控措施

1.强化生物安全

由于该病暂无疫苗和特效药物进行防控和治疗,防控该病主要依靠"及早发现、及早扑灭,坚持以预防为主"的原则。各养殖场应采取封闭式的管理模式,加强完善防疫流程,实施全进全出制度。由于鹅星状病毒主要通过消化道、生殖道进行传播,因此我们应保证饲养环境干净卫生,定期消毒,及时对粪便进行清理,同时加强精细化管理,养鹅场需要定期通风换气,加速空气流动,防止氨气、硫化氢等有害气体累积,降低雏鹅抵抗力,导致病毒容易通过呼吸道进行传播。

2.提高雏鹅的抗病能力

根据鹅生长各阶段的营养需求,合理调整饲料搭配,确保饲料营养全面。不随意提高饲料中蛋白质和钙的含量,确保雏鹅能及时排出尿酸等蛋白代谢产物,避免其在体内的积累,控制好矿物质和维生素水平,同时确保饮用水充足、不饲喂霉变饲料,尽可能增加青绿饲料在饲喂料中的占比;饲养密度合理,保证雏鹅有一定的活动空间。

加强对鹅群的动态观察,及时隔离病鹅或淘汰无治疗价值的病鹅;调节适宜育雏温、湿度;适当降低日粮蛋白水平,增加青饲料,减少夜间饲料投喂;有条件时,加强户外运动。加强消毒防范措施,对鹅舍和活动场地进行喷雾消毒,早、晚各 1 次。

第十二节　小 鹅 瘟

小鹅瘟是由鹅细小病毒引起的一种烈性、败血性传染病。该病主要特征是传播快,感染率和致死率高,病鹅表现为渗出性肠炎和肠道内形成腊肠样肠道栓塞等症状,主要感染3 周内的雏鹅,患病鹅日龄越小,死亡率越高,给养鹅业的健康发展造成严重威胁。

一 病原

鹅细小病毒属于细小病毒科细小病毒属，该病毒对环境抵抗力较强，65℃环境下 30 分钟还具有感染力，56℃环境下 3 小时还能存活，在−20℃条件下可以存活两年以上。病毒对一般消毒剂（如氯仿、乙醚等）有较强的抵抗力。

二 流行病学

该病一年四季均可感染发病，但由于饲养方式和饲养季节不同，在部分地区也呈季节性流行，且表现出周期性（通常为 2 年左右）。自然条件下，雏鹅和雏番鸭易感，通常是 4~20 日龄的雏鹅易感，这是由于小于 20 日龄的雏鹅还未建立完善的免疫体系，特别是 7~10 日龄的雏鹅具有很高的发病率和病死率，且越小日龄的病鹅病死率越高。8~10 日龄的雏鹅病死率一般在 80%左右；10~20 日龄的雏鹅病死率为 30%~70%，而 1 月龄以上的雏鹅发病率大大降低，死亡率为10%左右。带毒鹅和患病鹅是该病的主要传染源，病毒可通过呼吸道、饮水和污染饲料及周围环境等途径进行水平传播，也可通过繁殖进行垂直传播。需要注意的是，带毒种蛋会在孵化过程中将病毒散播，污染孵化室，导致雏鹅群感染。

该病的发生和流行呈现周期性，这是由于大流行之后存活的鹅群都获得了免疫力，其所产种蛋孵出的雏鹅具有较高的母源抗体。

三 临床症状

小鹅瘟的潜伏期随雏鹅日龄不同而长短不等，1 日龄的雏鹅感染后的潜伏期为 3~5 天；14~20 日龄的雏鹅感染后的潜伏期为 6~10 天。根据病情严重程度将小鹅瘟分为最急性、急性和亚急性 3 种类型。

1.最急性型

小于 1 周龄的雏鹅多见,发病后往往没有任何症状,机体快速衰弱或者突然倒地,双腿乱划,很快死亡。

2.急性型

5~15 日龄的雏鹅多见,主要症状是精神沉郁,羽绒蓬松杂乱,发出嘶哑声音,尽管能够随群采食,但啄到嘴内就会甩出去,不会吞食,12 小时后行动缓慢,停止采食,饮水增加,排出黄绿色或者灰白色稀粪,其中混杂气泡;病鹅容易打瞌睡,喙端颜色变暗,呼吸困难,鼻孔流出浆液性分泌物,肛门突出,且周围绒毛附着粪便,临死前出现神经症状,如颈部扭转、双脚麻痹、全身抽搐等。病程一般可持续 1~2 天,最终由于心力衰竭而死。

3.亚急性型

15 日龄以上的雏鹅易发,主要症状是精神沉郁、停止采食、体型消瘦、腹泻,个别病鹅会排出香肠样的条状硬性粪便,表面存在纤维素性假膜。病程持续时间较长,小部分病鹅可能耐过,但后期生长发育缓慢。

（四）病理变化

小于 1 周龄的雏鹅,可见小肠黏膜充血、肿胀,肠内存在黏稠的黄色液体;心房扩张,心脏变圆,心肌呈苍白色,质地松软;肝脏、脾脏和胰脏也发生充血、肿大。

大于 1 周龄的雏鹅,典型病变是小肠出现急性卡他性以及纤维素性坏死性炎症。一般小肠的中下段黏膜发生整片脱落,里面存在由凝固的纤维素性渗出物形成的栓子,导致肠腔被阻塞,外观明显膨大,触感坚实,类似香肠,将其切开可看到栓子中心是干燥的深褐色肠内容物,有时为扁平袋状的纤维素性凝固物。另外,胸部皮下和腿部肌肉发生出血,腹腔

积水,伴有浆液性纤维素性肝周炎、心包炎、腹膜炎及气囊炎,肺脏水肿、充血,尤其是大于 2 周龄的雏鹅会形成更加明显和严重的肠道栓塞。

五 诊断

该病具有特征性流行症状,如遇到大量雏鹅发病及死亡,可结合流行病学症状和特征性病理变化进行初步诊断,若要确诊该病需进行实验室诊断。

六 防控措施

1.免疫接种

养殖场户应结合养殖场实际情况,因地制宜合理制定免疫程序。

(1)种鹅免疫。一般在产蛋前 16~28 天,用小鹅瘟活疫苗接种种鹅。接种后 10~98 天,所产种蛋孵化的雏鹅均可获得良好的免疫。在产蛋前 30 天内对种鹅进行 2 次活疫苗接种,对孵化后雏鹅的保护期可达 5 个月。

(2)雏鹅免疫。没有母源抗体的雏鹅孵化后 2 天内接种小鹅瘟活疫苗(SYG41-50 株),并进行严格隔离饲养(免疫后 1 周),防止强毒感染。

2.治疗

出现症状的鹅皮下注射 1 毫升高免血清,未出现症状的鹅可注射 0.8 毫升高免血清进行预防。值得注意的是,注射的高免血清产生的抗体可维持 1 周左右,注射后应继续密切观察鹅群一段时间,对新出现症状的雏鹅再进行隔离并继续注射高免血清。同时,可以在雏鹅的饮水和饲料中加入抗病毒的药品。

3.抗体监测

做好免疫监测是制定预防小鹅瘟防控措施的基础。养殖场应定期开展抗体检测,掌握种鹅的免疫抗体水平,从而采取相应的防控措施。除了对种鹅定期开展母源抗体监测外,通常在雏鹅孵化后应开展抗体水平检测,如果发现母源抗体水平参差不齐或者没有母源抗体时,养殖场要及时给鹅群接种卵黄抗体或血清,防止鹅群感染该病。

第三章　猪主要疫病及防控

▶ 第一节　猪　　瘟

猪瘟俗称"烂肠瘟",是由猪瘟病毒感染引起的一种急性热性高度接触性疾病。该病传染性强,流行范围广,死亡率高,一年四季均可发生,严重危害养猪业的发展。猪瘟在世界各地都有暴发,给养猪业带来了巨大的经济损失。世界动物卫生组织(OIE)将其列为必须报告的疫病,我国将其列为一类动物疫病。

一　病原

猪瘟病毒属于黄病毒科瘟病毒属,只有一个血清型,病毒粒子呈球形,含有囊膜。猪瘟病毒对物理因素抵抗力较强,病毒在37℃可存活7~15天,在室温下可存活3~5个月,在冻肉中能保存半年以上,在-70℃能存活数年且毒价不变。在空气中,猪瘟病毒比较脆弱,经日光直射5~9天可被灭活,因此一般不通过空气进行长距离的传播。猪瘟病毒对碱性消毒剂敏感。

二 流行病学

猪瘟病毒可感染猪和野猪,各种日龄、性别和品种的猪都易感,对其他动物没有致病性。带毒猪和病猪是主要的传染源,猪瘟病毒可分布于病猪的全身器官,经口、鼻、眼分泌物和粪、尿等向体外排毒。急性感染的猪通过唾液排出大量的猪瘟病毒,少量通过尿液、粪便、眼和鼻分泌物排出猪瘟病毒,成为其他猪潜在的感染源。感染猪在出现临床症状前几天开始排毒,一直持续到抗体产生,通常在感染后 11 天左右。潜伏期的感染猪最危险,因其暂时还没表现出任何临床症状,极易被售出、屠宰或采精。健康猪主要通过与感染猪直接接触或吸入环境中的病毒而发生感染。猪瘟病毒能够通过带毒母猪直接感染给胎儿,这也是猪场猪瘟免疫失败的主要原因。

三 临床症状

该病的潜伏期视病毒毒力的不同而有一定差异,一般为 3~15 天。急性型猪瘟即典型猪瘟,由强毒株引起,常表现为急性、烈性、全部死亡,发病初期的临床表现为行动迟缓、食欲减退,有时甚至呕吐、高热、嗜睡、怕冷、寒战、扎堆,体温升高至 41℃,有的达到 42.2℃,先便秘后腹泻。亚急性型猪瘟又称非典型性猪瘟,病情较为温和,死亡的多是仔猪,成年猪一般可以耐过,发病时猪体温一般缓慢上升,喜欢扎堆但仍能站立和进食,体重轻微减少,有轻微便秘,皮肤一般没有出血斑。慢性型发病的患病猪也出现类似症状,但病程较长,可能出现一些非特异性症状,如间歇热、慢性肠炎、消瘦。

四 病理变化

强毒株引起的急性型猪瘟通常引起多个组织的感染,内皮组织感染通常会导致肠道、喉、肺和皮肤黏膜出现出血斑,肠道病理变化包括黏性渗出物、溃疡,淋巴结以及肝、肾出现肿大、坏死、出血,脾梗死可以作为判定猪瘟的依据之一。中等毒力毒株造成的温和型猪瘟发病时可能在胃、肝、下颌淋巴结出现出血点,盲肠扁桃体或结肠可能出现纽扣样溃疡。慢性型猪瘟通常不会产生较大的病理变化,而母猪通常会出现流产、产死胎和木乃伊胎等繁殖障碍。

五 诊断

猪在出现败血性的高热时应该考虑是猪瘟。根据流行病学、临床症状和病理变化可与其他疾病进行区分。近年来,猪瘟的发病通常伴随其他疾病的发生,尸检时有时难以对有类似病变的疾病进行区分和确诊,加上温和型猪瘟的临床症状和病理变化存在很大差异,确诊需结合实验室诊断。

六 防控措施

1.加强饲养管理

购入的仔猪应进行严格检疫,有条件的猪场建议自繁自养;加强猪舍的日常清洁、通风,做好日常消毒工作;升级猪瘟病毒检测体系;感染猪应立刻隔离或扑杀。

2.疫苗接种

预防该病最好的方法为接种疫苗。目前使用的疫苗主要有猪瘟兔化弱毒疫苗、猪瘟犊牛睾丸细胞苗、猪瘟-猪肺疫-猪丹毒三联苗。一般

免疫程序为仔猪出生20天左右进行第1次免疫接种,60天左右进行第2次接种。成年猪每年春、秋季各进行1次接种,母猪配种前1周进行接种。

3.治疗

目前没有特效药物进行治疗,临床可通过对症用药降低死亡率。对于发病群体,可以对病猪紧急接种猪瘟兔化弱毒疫苗,症状表现严重的猪建议直接淘汰处理。

▶ 第二节 非洲猪瘟

非洲猪瘟是由非洲猪瘟病毒感染引起的一种急性热性接触性疾病。该病能够迅速传播,发病率和死亡率极高,具有很强的传染性。该病近年来开始出现在我国,给我国养猪业带来严重的经济损失。

一 病原

非洲猪瘟病毒属于非洲猪瘟病毒科非洲猪瘟病毒属,病毒粒子外包囊膜。该病毒抵抗力较强,从室温放置15周的血清或4℃保存18个月的血液中都能分离出该病毒,病毒在冷藏肉、泔水中都可长时间存活,在脂溶剂60℃经30分钟能够被灭活。

二 流行病学

非洲猪瘟病毒只感染野猪和家猪,没有明显的品种、日龄和性别差异,感染猪的组织器官、体液、分泌物和排泄物中均含有大量病毒。病猪、隐形带毒猪和携带病毒的钝缘软蜱是主要传染源。

三 临床症状

非洲猪瘟自然感染的潜伏期为 4~19 天,其临床症状包括最急性型、急性型、亚急性型、慢性型和隐性型。最急性型死亡率为 100%,病猪突发高热后死亡,无明显临床症状;急性型表现为食欲减退、持续高热、呼吸困难、皮下出血发绀,通常出现症状 7 天内死亡,病死率高;亚急性型症状与急性型相似,只是病程更长,病死率为 60%~90%,仔猪病死率高;慢性型病程长达 5 个月,病猪消瘦,不规则发热,死亡率较低,多数感染猪均能康复并终生带毒;隐性型病程缓慢、无临床症状。

四 病理变化

非洲猪瘟的主要病变表现在淋巴结、脾脏、肾脏及心脏等器官。淋巴结严重出血、水肿,切面可呈大理石样花纹,胃、肝、肾淋巴结尤为严重;脾脏严重充血、异常肿大,是正常状态下的 3~6 倍,呈黑紫色,柔软质脆,切面凸起;肾脏可见大量的点状出血;心肌柔软,心内膜及外膜可见出血点,甚至出血斑。严重病例还可观察到胃肠黏膜出血、膀胱黏膜出血,肝脏及胆囊充血、肿大,肺部水肿、充血。

五 诊断

非洲猪瘟在临床症状及病理变化上与猪瘟、猪丹毒、沙门菌病等疾病相似,需要通过实验室诊断才能确诊。急性型非洲猪瘟往往比亚急性型和隐性型非洲猪瘟更易诊断,而慢性型非洲猪瘟则常常通过血清学方法诊断。实验室诊断方法包括红细胞吸附实验、直接荧光抗体技术及PCR 方法。

六　防控措施

由于目前没有针对该病的疫苗和药物,因而非洲猪瘟的防控只能采取综合防控措施。对于无非洲猪瘟的地区,阻断非洲猪瘟的传入是最为重要的预防手段,而对于非洲猪瘟呈地方流行性的地区,广泛的检测和猪群净化是根除本病的良方,一旦发生该病,应及时扑杀感染猪群并采取卫生防疫措施,防止疫情扩散。

养殖场应采取严格的生物安全措施。饲喂泔水、感染性肉制品的废弃物是造成本病传播的重要原因。养猪场应注重场内饲料、饮水安全,防止疫情扩散。养猪场要做好环境杀虫和场内定期驱虫,做好灭鼠、禁止饲养宠物等措施,防止钝缘软蜱侵入与扩散。

 第三节　猪蓝耳病

猪蓝耳病又称猪繁殖与呼吸综合征,是由猪繁殖与呼吸综合征病毒引起的接触性传染病,其特征是母猪出现厌食、发热,妊娠后期流产,产死胎或木乃伊胎,仔猪发生呼吸障碍和急性死亡。高致病性毒株可引起成年猪发热、皮肤发红、呼吸困难和急性死亡。由于部分病猪耳部发紫,故称"猪蓝耳病"。目前,本病几乎存在于所有猪群,有最急性、急性和亚急性等多种临床症状,是制约我国养猪业发展的最严重疫病之一。

一　病原

猪繁殖与呼吸综合征病毒属于动脉炎病毒属成员,有囊膜,病毒主要存在于呼吸道、肺部、死胎和公猪的精液中。该病毒对高温和紫外线抵

抗力较弱,在 4℃可保存 1 个月,37℃经 48 小时、56℃经 45 分钟完全失去感染力；该病毒对多种消毒剂敏感,室温环境下 0.03%氯经 10 分钟、0.0075%碘经 1 分钟、0.0063%季铵化合物经 1 分钟,即可被杀灭。

二 流行病学

猪是该病唯一的易感动物,各年龄和品种的猪均易感,最容易感染的是妊娠母猪和 30 日龄内的仔猪, 育肥猪发病温和。该病具有发病率高、死亡率高的特点,妊娠母猪感染后易发生流产。首先,该病主要通过呼吸道传播,且传播迅速；其次,本病也可通过胎盘垂直传播给胎儿,造成死胎或胎儿带毒。持续性感染是本病最重要的流行病学特征,猪感染病毒后能几个月不表现出临床症状,受感染的母猪可向外排毒,如鼻分泌物、粪便、尿均含有病毒,耐过猪可长期带毒并不断向外排毒,因此,猪群一旦感染,即很难彻底清除病毒。且本病可以引起猪体免疫抑制,从而容易继发其他病原感染。

三 临床症状

通常情况下,猪蓝耳病的临床症状以妊娠中后期母猪繁殖障碍和仔猪呼吸道症状为主要特征,成年猪发病较少。高致病性猪蓝耳病可以引起成年猪发病和死亡。

怀孕母猪在发生猪蓝耳病后,主要表现为高热,呼吸困难,厌食,嗜睡,流产或早产,产下死胎、木乃伊胎等。部分母猪耳尖、外阴、腹部、尾部等皮肤发绀；公猪在感染猪蓝耳病后,主要表现为呼吸困难、体温升高、食欲和饮欲降低、嗜睡、精液的质量和精子数量下降等。仔猪在发生猪蓝耳病后,主要表现为呼吸困难、体温升高、流鼻涕、食欲和饮欲降低,伴有腹泻和呕吐,严重的四肢僵硬、共济失调,病死率达 55%。育肥猪在感染猪

蓝耳病后，主要表现为呼吸加快、体温升高、精神萎靡，在发病的初期会伴随厌食，进而导致发育缓慢。

高致病性猪蓝耳病可以引起仔猪、经产母猪、公猪和育肥猪发病和死亡，病猪出现高热，体温在41℃以上，眼患结膜炎，耳朵和皮肤发红、发紫，喘气、呼吸困难，部分患猪出现四肢共济失调。

（四）病理变化

该病肉眼可见的病理变化主要为肺脏轻度水肿、弥漫性间质性肺炎、淋巴结水肿，其他内脏器官无明显病变。高致病性蓝耳病肺脏病变呈多样化，或出现间质性肺炎，间质增宽，切面为鲜红色，淋巴结水肿，部分猪内脏器官有出血病变，肾脏可见少量出血点。

（五）诊断

妊娠母猪流产、死胎；发病猪出现高热，体温41℃以上；双耳边缘、腹部、尾部皮肤发绀；食欲下降，伴随眼结膜炎、咳嗽哮喘，剖检在肺尖叶或心叶出现片状实质病变，根据以上症状和病理变化可初步诊断为猪蓝耳病。由于该病与其他引起猪繁殖障碍的疾病临床症状很相似，且极容易产生混合感染，因此该病确诊主要依靠实验室诊断。实验室主要通过血清学抗体检测方法和分子生物学技术检测方法检测。

（六）防控措施

该病防控主要采取综合性防控措施，最根本的办法是消除病猪、带毒猪和彻底消毒，切断传播途径。引种时必须隔离观察并经检测为阴性时方可引入正常猪群，提倡猪群分段饲养，全进全出，改善饲养条件，对生产工具和车辆进行严格的消毒。

根据本地区病毒流行趋势和猪只的具体情况选择合适的疫苗。一般认为,弱毒苗效果较好,后备母猪在配种前应进行 2 次免疫,首免在配种前 2 个月,间隔 1 个月进行二免;仔猪在 2~3 周龄接种,若有必要,间隔 3 周后可以加强免疫 1 次。

第四节　猪圆环病毒病

猪圆环病毒病是由猪圆环病毒 2 型引起的猪的多种疾病的总称,包括断乳仔猪多系统衰竭综合征、猪皮炎肾病综合征、猪呼吸系统疾病、肠炎、母猪繁殖障碍和仔猪先天震颤等,其中,断乳仔猪多系统衰竭综合征最为常见,以消瘦、腹泻、呼吸困难、全身淋巴结水肿和肾脏坏死等为特征。猪圆环病毒病目前几乎存在于所有猪群,严重影响猪生产水平,给我国养猪业带来巨大的经济损失。

一　病原

猪圆环病毒属于圆环病毒属成员,无囊膜。该病毒对外界环境抵抗力极强,耐酸,在 pH 为 3 的环境下仍可存活;耐氯仿;56℃经 1 小时、75℃经 15 分钟仍可保持感染力。一般消毒剂很难将其杀灭,福尔马林、碘酒和酒精室温下作用 10 分钟,可杀灭部分病毒。

二　流行病学

猪是猪圆环病毒的宿主,野猪和家猪均有较强的易感性,各种年龄段、各个品种的猪均能够感染发病,但仔猪感染后发病严重,呈现多种临床表现。病猪是该病的主要传染源,感染猪可通过鼻液、粪便等排毒,经

口腔、呼吸道传播,且通常呈隐形感染。阴性猪与感染猪混养可使病毒在猪群中快速传播,母猪也可通过胎盘垂直传播感染胎儿。耐过的猪饲料利用率下降,料肉比升高,严重影响经济效益。

三 临床症状

断奶仔猪多系统衰竭综合征一般在断奶后至 2 月龄发病,6~12 周龄最多见,临床症状主要表现为进行性消瘦、皮肤苍白、淋巴结肿大、呼吸道症状、腹泻及黄疸,造成患病猪免疫功能下降,生产性能降低,发病率和病死率取决于猪场和猪舍条件,但常常由于并发或继发细菌感染或病毒感染而使病死率大大增加。

猪皮炎肾病综合征主要临床症状通常发生在 8~18 周龄,最常见的临床症状为皮肤发生圆形或不规则隆起,呈红色或者紫色,中央形成黑色病灶,有时这些斑块会融合,病猪表现为皮下水肿、食欲丧失,有时体温升高。

猪圆环病毒引起的母猪繁殖障碍主要导致母猪返情率增加、产木乃伊胎、流产,以及产弱仔等。

四 病理变化

患断乳仔猪多系统衰竭综合征的病死猪病理变化明显,全身淋巴结显著肿大,肾脏肿胀、灰白,皮质与髓质交界处出血。常见胸腔积液、肺脏水肿、质地坚硬或似橡皮,脾脏、肝脏轻度肿胀,有些病死猪的肠道,尤其是回肠和结肠肠壁变薄,肠管内液体充盈。

患猪皮炎肾病综合征的病猪病理变化为出血性坏死性皮炎、渗出性肾小球性肾炎、间质性肾炎、胸水和心包积液。

五 诊断

该病的诊断必须依靠临床症状、病理变化和实验室检测,临床上应注意与猪瘟、猪繁殖与呼吸综合征、猪渗出性皮炎等鉴别诊断。实验室确诊方法主要有免疫组织化学法和免疫荧光法。

六 防控措施

该病的预防和控制主要依靠免疫接种和综合性措施。疫苗接种是本病预防控制的关键措施之一。我国批准使用的疫苗主要有猪圆环病毒2型灭活疫苗和猪圆环病毒2型Cap蛋白重组杆状病毒灭活疫苗。妊娠母猪产前1个月免疫2次,仔猪2~3周龄免疫1~2次,每次间隔3周,可以有效降低发病率和死淘率,提高肉猪生产水平。

综合性措施主要有下面几种。第一,实行分段式饲养模式,即将哺乳仔猪、保育猪和育肥猪分开饲养,同时确保饲料具有良好的品质。第二,加强饲养管理。第三,控制其他病原体的混合感染,如猪繁殖与呼吸综合征病毒、副猪嗜血杆菌、猪链球菌和支原体等,一方面安排合理的免疫程序,另一方面在饲料中定期添加预防保健类药物,如支原净、金霉素、阿莫西林等,有助于控制细菌混合感染。第四,将发病猪及时隔离饲养或淘汰,降低病死率。

▶ 第五节 口 蹄 疫

口蹄疫是由口蹄疫病毒引起的急性热性接触性人畜共患传染病,主要感染猪等偶蹄动物,又被称为"口疮热""蹄癀"。口蹄疫分布广泛,有

强烈的传染性,一旦发病,传播速度很快,发病率极高,往往造成大流行,不易控制和消灭,给养殖户造成巨大的经济损失,被列为我国法定一类动物疫病。

 病原

口蹄疫病毒属于口蹄疫病毒属成员,目前已知有 A、O、C、SAT1、SAT2、SAT3 及亚洲 1 型 7 个血清型,我国目前流行的有 O、A 及亚洲 1 型。口蹄疫病毒对外界环境的抵抗力较强,耐寒冷和干燥。自然条件下,病毒在组织和污染物中可存活数周乃至数月,但对高温、紫外线、酸碱敏感。酚、乙醇、氯仿等消毒剂对口蹄疫病毒无效。

二 流行病学

自然条件下偶蹄类动物易感,幼龄动物易感性大于老龄动物。人对该病也有易感性,尤其是儿童、老人及免疫功能低下者。患病及带毒的动物是该病的主要传染源。动物在患病初期排毒量大,毒力强,最具传染性,病畜的分泌物、排泄物、呼出气体及其他被污染物品均可成为该病的传播媒介。该病无严格的季节性,但不同地区可表现不同的季节高发性。一般以冬季发病最为严重。

三 临床症状

口蹄疫病毒通常最先感染育肥猪,其次逐渐感染仔猪、种公猪和母猪。潜伏期 3 天左右。病初,体温升高(40~41℃),精神沉郁、食欲不振或废绝。口腔黏膜形成小水疱或烂斑。1 天后,蹄冠、蹄叉、蹄踵、附蹄、鼻端等出现局部红、热等症状,不久逐渐形成米粒至黄豆大的水疱,破裂后表面出血、糜烂。部分猪还会出现不能站立,严重的甚至死亡。妊娠母猪可发

生流产、乳房炎及慢性蹄变形。母猪哺乳期发生口蹄疫会导致整窝小猪发病,小猪多因急性胃肠炎和心肌炎而突然死亡,病死率可达 100%。成年猪偶尔也会死亡。

（四）病理变化

患病动物口腔、唇、鼻、乳头或蹄冠部及其周围的皮肤发生水疱性疹。猪口腔部位的水疱性损伤不明显,主要在舌面和上腭,水疱破裂后上皮层变成微白色碎片而发生脱落,在鼻镜上也可能会产生水疱,水疱破裂后流血。仔猪暴发口蹄疫时易导致心肌炎,并会出现很高的死亡率。在剖检病死猪时,通常可见心脏肌肉尤其是心室肌肉坏死,并呈现灰色或黄色斑纹,形似虎皮,称为"虎斑心"。母猪发生口蹄疫引发的乳房和乳头症状多出现在怀孕后期和哺乳期,最初乳头出现米粒至豆粒大小的水疱,与地面或栏舍摩擦,很容易破裂,露出鲜红色溃疡面,溃疡可慢慢结痂,但后期易形成乳房炎而拒绝哺乳。病猪的蹄冠部皮肤最初发白,继而出现水疱并充满透明液体,水疱最后破裂,露出鲜红色溃疡面。

（五）诊断

该病应与牛恶性卡他热、猪传染性水疱病、猪水疱性疹、水疱性口膜炎等疾病相鉴别。根据病猪口腔黏膜形成的小水疱或烂斑、蹄部出现的疱红肿、哺乳母猪乳头上的皮肤病变等症状,以及主要侵害偶蹄类动物的特征,可做出初步诊断。确诊需做病毒分离和血清学试验。诊断时需对病毒进行定型,以便使用相应的疫苗紧急预防。

1.完善饲养管理

非疫区严禁从发生过本病的国家或地区购进动物及其产品、饲料、生物制品等。来自非疫区的动物及其产品,也应进行检疫,对于阳性动物,应全群销毁处理,运载工具、动物废料等遭到污染的器物应就地消毒。平时应加强饲养管理,保持圈舍卫生,经常进行消毒。

2.免疫接种

口蹄疫流行区,应坚持免疫接种,用与当地流行毒株同型的口蹄疫灭活苗接种动物。对疫区和受威胁区内的动物进行免疫接种,在受威胁区周围建立免疫带以防疫情扩散。

3.控制和扑杀措施

粪便采取堆积发酵处理或用 5%氨水消毒;圈舍、场地和用具用 2%~4%烧碱液、10%石灰乳、0.2%~0.5%过氧乙酸或 1%~2%福尔马林喷洒消毒;毛、皮张用环氧乙烷、溴化甲烷或甲醛气体消毒,肉制品采用 2%乳酸或自然熟化产酸处理。

口蹄疫发病动物一般不进行治疗,应采取扑杀措施。

当动物群发生口蹄疫时,应立即上报疫情,划定疫点、疫区和受威胁区,实施隔离、封锁措施,对疫区和受威胁区未发病动物进行紧急免疫接种,并按"早、快、严、小"的原则,立即实行封锁、隔离、检疫、消毒等措施。疫区内最后一头患病动物痊愈、死亡或扑杀后连续观察 14 天以上,未出现新的病例,经终末消毒后可解除封锁。

▶ 第六节　猪流行性腹泻

　　猪流行性腹泻是由猪流行性腹泻病毒引起的接触性肠道传染病,以呕吐和腹泻为基本特征,任何品种和生长阶段的猪均有可能感染,新生仔猪发病最为严重,威胁我国生猪养殖业的发展。

一　病原

　　猪流行性腹泻病毒为冠状病毒科甲型冠状病毒属的成员。目前所有分离的病毒毒株均属于同一个血清型。该病毒对外界抵抗力较弱,对乙醚、氯仿敏感,一般的消毒剂(如酸、碱、脂溶剂、甲醛、碳酸盐、碘酸盐等)都可将其杀灭。病毒在84℃经5分钟或60℃经30分钟时可失去感染力,但在50℃条件下相对稳定。

二　流行病学

　　该病目前只感染猪,各个生长阶段的猪都易感。其中,吮乳仔猪发病后损失最为惨重。病猪和带毒猪是主要传染源。病毒随病猪和带毒猪的粪便排出,污染工作人员的靴子、衣物、劳动工具、运输车辆或其他非生物媒介,通过粪-口途径由消化道传播。其他生物也可传播本病。本病一年四季均可发生,但冬季多发。我国每年12月至次年2月为高发期,夏季偶有发病。正常情况下,本病发病率高、病死率低,但断乳前易感仔猪感染后则表现为发率和病死率都极高。当猪流行性腹泻病毒首次进入一个猪场或猪群后,1周左右即可使所有易感猪感染而出现腹泻。在大型种猪场,特别是圈舍分布范围广的猪场,由于所有种猪并非在初次流行

时都会同时感染,故首轮流行过去后场内疫情会复发。此类复发仅出现在没有母源抗体保护的吮乳仔猪,因此多为散发病例。猪流行性腹泻可单一发生或与猪传染性胃肠炎混合发生。

（三）临床症状

该病潜伏期一般2~4天,最短的仅12小时。猪流行性腹泻常以暴发性腹泻的形式出现。流行初期仅有个别猪突然发病,同圈或邻圈的猪在1周内相继发病,很快蔓延到全群。吮乳仔猪粪稀如水,呈灰黄色或灰色,有时带血或带有脱落的肠黏膜;进食或吮乳后发生呕吐;脱水严重。非吮乳病猪主要表现水样腹泻,但不含血液和肠黏膜,呕吐,食欲减退,体重减轻。母猪粪便从松软如牛粪状到粪稀如水不等。少数病猪体温升高1~2℃,精神沉郁,食欲减退或废绝。不同生长阶段症状轻重存在差异,年龄越小,症状越重。新生仔猪常于腹泻发生后2~4天脱水而死亡,病死率将近一半。断乳猪和成年猪则可持续腹泻4~14天,如果没有继发其他疾病且护理得当,则会慢慢自行康复,很少发生死亡。

（四）病理变化

病死猪极度脱水,后躯粪便污染严重,小肠膨胀,充满淡黄色液体,肠壁变薄,个别小肠黏膜有出血点,小肠绒毛变短,重症者绒毛萎缩,甚至消失,肠系膜淋巴结水肿。胃内空虚或充满胆汁样黄色液体。其他实质性器官无明显病理变化。

（五）诊断

哺乳仔猪出现成片腹泻,迅速消瘦,粪便腥臭,可做初步诊断。确诊需进行实验室检测。

六 防控措施

1.加强卫生消毒管理

平时应加强饲养管理,控制人员和车辆流动,严格执行卫生消毒和隔离制度,采用全进全出等一系列生物安全措施。本病毒可以通过感染猪直接扩散,也可以通过含毒粪便间接扩散。因此,应及时清理圈舍内的排泄物,消毒运猪车辆。同样,为有效防止带毒人员将病原体带入场内,在其进入场区前应最少隔离 12 小时,彻底淋浴、更衣,对所有要进入场区的物品、设备进行熏蒸消毒。

2.免疫接种

免疫接种是目前预防该病的主要手段。由于该病对新生仔猪危害最大,而仔猪依靠自身的主动免疫往往不能及时产生保护,因此主要依靠母源抗体保护仔猪。防疫人员需根据当地猪流行性腹泻的发生特点,制定科学的免疫接种计划。目前,我国使用的多为猪流行性腹泻+传染性胃肠炎二联疫苗,包括弱毒苗和灭活苗。弱毒苗适合于紧急接种,接种途径为滴鼻和肌肉注射。灭活苗安全性好,不受母源抗体影响,免疫妊娠母猪后,母源抗体对仔猪的保护效果好,一般在母猪分娩前 20~30 天肌肉或后海穴注射。在该病流行或受威胁地区,也可对仔猪接种弱毒苗进行免疫。

3.治疗措施

由于猪流行性腹泻会严重影响各个年龄段猪的正常生长。患病母猪常出现乳汁缺乏,应为初生仔猪提供代乳品。发病早期使用高免血清、卵黄抗体配合干扰素具有一定的治疗作用。

 第七节　猪伪狂犬病

猪伪狂犬病是由伪狂犬病病毒引起的一种急性接触性传染病，主要危害妊娠母猪和仔猪，特征是母猪流产、死胎和表现呼吸系统症状，仔猪表现神经症状和腹泻等消化系统症状。该病是危害养猪业最严重的传染病之一，广泛分布于世界各地，造成了巨大的经济损失。猪伪狂犬病是种猪场的重要疫病，一旦发生，很难清除。

一　病原

伪狂犬病病毒属于疱疹病毒科，只有一个血清型，但不同毒株毒力存在差异。该病毒对外界有较强的抵抗力，在受污染的猪舍能存活一个多月，在肉中能存活一个星期以上。该病毒对乙醚和脂溶剂异常敏感，常用消毒剂都能有效杀灭该病毒。

二　流行病学

该病毒不仅能感染猪，也能感染犬、猫、牛、羊和野生动物。病猪、带毒猪以及带毒的啮齿动物为该病的重要传染源。健康猪与病猪、带毒猪直接接触可感染。该病可经空气传播，亦可经皮肤伤口传染，猪发病后其鼻分泌物中含有病毒。使用带毒精液进行人工授精也可传播该病。母猪发生本病后 6~7 天，其乳中有病毒，持续 3~5 天，乳猪可因哺乳而感染。妊娠母猪感染后，病毒常通过垂直传播感染胎儿。该病的发病率和病死率与感染猪的年龄密切相关，随着日龄增长，感染猪的发病率和病死率逐渐下降，断乳后的仔猪多不发病，但可长期带毒、排毒。感染种猪和所

生的仔猪可长期带毒,是该病长期流行、很难根除的重要原因。饲养管理不善、卫生条件差等都容易诱发该病。该病的发生无严格的季节性,但在寒冷季节多发。

三 临床症状

潜伏期一般为 3~6 天。临床症状随生长阶段、毒株的毒力和剂量,以及动物免疫状态的不同而有差异。

2 周龄以内的哺乳仔猪病情较为严重,病初发热、呕吐、腹泻、厌食、精神沉郁。有的视力减退、呼吸困难,继而出现神经症状、发抖、共济失调、间歇性痉挛、后躯麻痹、做前进或后退转动、倒地四肢划动。常伴有癫痫样发作或昏睡,触摸时肌抽搐,最后衰竭而死亡,病死率可达 100%。

3~4 周龄的猪发病主要症状同上,病程略长,多便秘,病死率在 40%~60%。部分耐过猪常有后遗症,如瘫痪和发育受阻。

2 月龄以上的猪发病临床症状轻微,表现为一过性发热、咳嗽、便秘,有的病猪呕吐,在 3~4 天恢复。偶尔也可引起死亡。

妊娠母猪发病表现为咳嗽、发热、精神不振。随之发生流产,产死胎、木乃伊胎或弱仔,弱仔猪 2 天内出现呕吐和腹泻,运动失调,痉挛,角弓反张,常在 36 小时内死亡。母猪屡配不孕,返情率高达 90%。极少数发病妊娠母猪也会死亡。

公猪发病表现为睾丸肿胀、萎缩,丧失种用能力。

四 病理变化

肉眼可见病变主要表现为肾脏有针尖状出血点, 如有神经症状,则脑膜明显充血、出血,脑脊髓液增多。扁桃体、肝脏和脾脏均有散布白色坏死点。肺水肿,有小叶性间质性肺炎或出血点。胃黏膜有卡他性炎症,

胃底黏膜出血。流产胎儿的脑组织和臀部皮肤有出血点,肾脏和心肌出血,肝脏和脾脏有灰白色坏死灶。

五 诊断

猪伪狂犬病容易与有类似症状的疾病混淆,要注意与猪瘟、猪蓝耳病等区分。仔猪发病要注意与猪流行性腹泻区分。根据上述流行病学、临床症状和病理变化,可做出初步诊断,确诊必须进行实验室检测。

六 防控措施

该病目前尚无有效药物治疗,一旦发生疫情,应划分出指定的隔离地点、疫区、受威胁区,进行集中隔离救治,必要时进行扑杀、大面积消毒,防止疫情扩散。紧急情况下用高免血清治疗,可降低病死率,饮水中适当添加电解质和维生素 C,提高猪群抵抗力。

免疫接种是预防和控制本病的主要措施,在小猪出生 1 周内要尽快用弱毒疫苗滴鼻免疫,1 个月左右进行二次免疫,之后每 6 个月进行1 次免疫;母猪在交配前 1 个月和生产前 1 个月均要进行疫苗接种。另外,消灭鼠类对预防本病有重要意义。猪为重要的带毒者,引种时,只能引进病毒抗体阴性种猪或伪狂犬病病毒阴性的精液。

此外,检测猪群抗体,对病毒抗体阳性猪进行隔离、淘汰。间隔 3~4 周重复检测,直到连续两次试验全部阴性为止。还可采用培育健康幼猪的方式,在断乳后尽快隔离饲养,到 16 周龄进行血清学检查(此时母源抗体转阴),把所有阳性猪淘汰,把阴性猪集中饲养,最终建立无病新猪群。

第八节 猪传染性胸膜肺炎

猪传染性胸膜肺炎是由胸膜肺炎放线杆菌引起的高度传染性和致死性的呼吸道疾病,主要特征为急性出血性纤维素性肺炎和慢性纤维素性坏死性胸膜肺炎,是我国猪群中主要的细菌性传染病之一,给我国养猪业造成了巨大的经济损失。

一 病原

胸膜肺炎放线杆菌是一种革兰阴性小球杆菌,从新鲜病料分离的细菌可见两极着色现象。该菌有荚膜和菌毛,不能形成芽孢,能产生毒素。该菌对外界环境抵抗力较低,4℃条件下能存活 7~10 天,60℃经 15 分钟、100℃经 2 分钟便失去活性;日光、干燥和常用的消毒剂在短时间内即可将其灭活。目前,该菌的血清型已达 18 种。

二 流行病学

各年龄段的猪均对胸膜肺炎放线杆菌易感,通常以 2~4 月龄、体重在 30~60 千克的育肥猪多发。本病有明显的季节性,在 4~5 月份和 9~11 月份发生。病猪和带菌猪是本病的主要传染源,无临床症状有病理变化猪或无临床症状无病理变化隐性带菌猪较常见。

传播途径主要是直接接触传播或短距离的飞沫间接传播。急性暴发时感染可以从一个猪栏"跳跃"到另一个猪栏。

卫生条件差、通风不良、气候突变、饲养密度大、长途运输、维生素 E 缺乏、过堂风等均能促进本病发生,使发病率和病死率升高。

三 临床症状

1.最急性型

发病突然、病程短、死亡快。一般有一头或几头猪突然病得很重,体温升高至41.5℃,表情漠然,食欲废绝,有短期的腹泻和呕吐。病死猪的腹部、双耳、四肢皮肤发绀,口、鼻流出带血的红色泡沫。初生猪则因败血症致死。偶有突然倒地死亡的猪。

2.急性型

常有很多猪感染,发病较急,体温升高为40~41.5℃,精神沉郁,食欲减退或废绝,呼吸极度困难,咳嗽。常站立或犬坐而不愿卧地,张口伸舌。鼻盘和耳尖、四肢皮肤发绀。若不及时治疗,常于2天内窒息死亡。若病初临床症状比较缓和,能耐过4天以上者,临床症状逐步减轻,常能自行康复或转为慢性型。

3.亚急性型和慢性型

发生在急性型症状消失之后,临床症状较轻,一般表现为体温升高、食欲减少、精神沉郁、不愿走动、喜卧地。呈间歇性咳嗽,消瘦,生长缓慢。若混合感染巴氏杆菌或支原体时,则病程恶化,病死率明显上升。

四 病理变化

肉眼可见的病理变化主要见于呼吸道。急性死亡病例,仅见肺部变化,表现为两侧肺呈紫红色。一些肺叶切面似肝脏,肺间质充斥血色胶冻样液体。病程稍长者,见胸腔内有纤维素性渗出物。肝脏瘀血,暗红色。腹股沟浅淋巴结和肠系膜淋巴结肿大、充血,呈紫红色。慢性病例可见肺组织充满黄色结节或脓肿结节,外裹结缔组织。肺表面有一层黄色纤维素性渗出物与胸膜粘连。腹股沟淋巴结和肺门淋巴结也见肿大,并有轻度

出血。

五 诊断

通过流行病学和特征性的临床症状,可以做出初步诊断,确诊需通过细菌学检查和血清学试验,主要包括细菌的分离鉴定、涂片镜检、溶血试验、卫星试验、生化试验、动物接种试验、血清抗体检测等。

六 防控措施

胸膜肺炎放线杆菌为条件性致病菌,因此饲养过程中应加强管理,减少应激。适当的饲养密度和良好的通风条件,可有效降低圈舍空气中的病菌浓度,是控制和预防本病的一项重要措施。注意圈舍清洁干燥,及时清理粪便及杂物,每周一次进行全方位的消毒,净化空气,创造一个良好的空气环境。采用全进全出的饲养方法。根据季节气候的变化,控制好小环境的温度和湿度。投放全价优质饲料,保证饮水清洁。

猪场应严格控制无关人员的进出,工作人员互不串舍。进入生产区,必须更换衣物、胶靴,并用消毒水洗手后经消毒池方可进入。衣物、用具等应及时用紫外线消毒。用于环境消毒的药物应选择广谱消毒剂。对出现临床症状的病猪必须进行隔离观察、治疗或淘汰。死猪一律经严格消毒后,运到指定地点深埋或焚烧。

无本病猪场应坚持自繁自养、全进全出制度,防止引入带菌猪。确需引种的,至少隔离检疫 3 个月或半年以上,经血清学检查为阴性并确认健康后方可进入生产区混群饲养,防止外来病菌混入。

坚持免疫接种是预防本病的有效方法,目前使用的有灭活苗、亚单位苗、弱毒苗等。胸膜肺炎放线杆菌的血清型较多,互相之间的交叉免疫能力差,故疫苗菌株一定要与当地的优势流行菌株一致。种公猪每年免

疫 2 次,经产种母猪产后 1 个月免疫 1 次。仔猪 1 月龄首免,留作种用的后备公、母猪配种前 1 个月加强免疫 1 次。

头孢类、四环素类、磺胺类及氟苯尼考等抗生素对胸膜肺炎放线杆菌有较强的抑制作用。猪场发病时,应尽可能避免使用该猪场常用的抗菌药,防止形成耐药性。

▶ 第九节 猪链球菌病

猪链球菌病是由不同血清型的链球菌感染引起的传染病的总称,临床上主要以脑膜炎、关节炎和败血症为特征。其中,猪链球菌是世界范围内引起猪链球菌病最主要的病原体,可通过黏膜或伤口等途径感染人,不仅对全球养猪业造成巨大冲击,而且严重威胁人类的健康。

 **病原**

链球菌的种类很多,在自然界分布广泛,分为有致病性和无致病性两种类型,致病性链球菌包括 C 群链球菌兽疫亚种、猪链球菌 2 型、猪链球菌 9 型、D 群链球菌、E 群链球菌等。链球菌血清型众多,形态呈圆形或椭圆形,属于革兰阳性菌。链球菌对热和普通消毒剂抵抗力不强,多数链球菌 60℃加热 30 分钟,均可被杀灭。常用消毒剂如 2%石炭酸、1%来苏儿均可杀灭该细菌,日光直射经 2 小时也可杀灭该细菌。

二 流行病学

链球菌的易感动物较多,猪不分年龄、品种和性别均易感。猪链球菌病主要呈地方性流行,病原体主要经过呼吸道和受损的皮肤及黏膜感

染,患病和病死动物是主要的传染源,带菌动物也是传染源,仔猪多由母猪传染引起,猪链球菌病的流行无明显的季节性,但以 7~10 月份易出现大面积流行。

三 临床症状

猪链球菌病主要分为败血型、关节炎型和脑膜脑炎型。

1.败血型

败血型猪链球菌病临床主要表现为病猪体温可升高至 42℃,呼吸困难,咳嗽,鼻镜干燥,口、鼻流浆液性分泌物。颈部、腹部、四肢皮肤发绀并有出血点,体表形成脓肿。3~4 周龄仔猪急性死亡,死亡率可高达 80%。

2.关节炎型

关节炎型猪链球菌病病猪主要为败血型耐过病猪,表现为一个或多个关节肿胀,肿胀部位先变硬,后在局部发生小点状破溃,流出血性、脓性渗出物,切开关节腔可见深入关节腔的瘘管。关节炎型病猪因行动不便、无法站立而出现采食障碍,最终会因体质虚弱而死亡。

3.脑膜脑炎型

脑膜脑炎型猪链球菌病多发生于哺乳仔猪,发病率和死亡率较高。仔猪病初出现体温升高、湿热性病症,继而出现神经症状,如四肢不协调、做划水状运动、角弓反张、抽搐或突然倒地、口吐白沫等。

四 病理变化

猪链球菌感染普遍引起肺脏实质性病变,包括纤维素性。出血性和间质纤维素性肺炎,纤维素性或化脓性支气管肺炎,支气管、细支气管炎,肺泡出血,小叶间肺气肿及纤维素性化脓性脑膜炎。从猪链球菌感染的病猪肺内常能分离出多杀性巴氏杆菌、胸膜肺炎放线杆菌等细菌,病

猪肺部的病变可能与以上细菌的继发感染有关。另外,猪链球菌还可以引起猪的败血症,全身脏器往往会出现充血或出血现象。

五 诊断

一般根据临床症状和解剖病变可以对猪链球菌病做出初步诊断,可以取病料,如脓液、血液、脑组织等做涂片染色,显微镜下观察到革兰阳性、成对或链状排列的球菌时可做出诊断。确诊需进行病原菌分离培养,进行实验室检查。

六 防控措施

1.疫苗接种

目前市面上的商品化猪链球菌疫苗种类繁多,均是各种不同菌株的弱毒疫苗以及灭活疫苗,一般来说,在猪链球菌流行地区中,猪链球菌2型的致病力最高、危害最大、检出率最高,是发病猪群中的优势菌株。养殖场在进行免疫接种前应该分离鉴定本场流行的猪链球菌的血清型,以接种对应的疫苗,并配合预防药物。此外,对于猪圆环病流行的猪场,应尤为注意猪链球菌病的防控。猪场常发现猪圆环病病毒和猪链球菌共同感染的病例。

2.猪群管理

首先,要了解猪链球菌病流行病学特点,阻断病菌传播。病猪及带菌猪为本病自然流行的主要传染源,对于发病猪只,严格遵守检疫隔离机制,及时隔离并做好消毒工作。另外,猪场应避免从其他养猪场引进架子猪,坚持"自繁自养"原则。同时,转移各阶段猪只时要做到"全进全出",避免相互传染。

其次,要减少猪群应激,避免猪只衰弱致病。猪链球菌病的发生与猪群受到的应激有关,故要做好猪群保温工作,降低猪群饲养密度,从而减少温度应激,避免猪只衰弱致病。

再次,要加强猪场的环境卫生管理,及时清理排泄物,防止排泄物堆积而滋生蚊虫和细菌。同时,保持猪舍通风、干燥整洁,定期灭鼠灭虫,避免细菌通过它们作为媒介进行传播。制定并遵守严格的消毒制度,对猪舍定期进行全面的消毒。

▶ 第十节　副猪嗜血杆菌病

副猪嗜血杆菌病是由副猪嗜血杆菌引起的猪的一种传染病,以猪的浆液性或纤维素性多发性浆膜炎、关节炎和脑膜炎为特征,也可表现为肺炎、败血症和猝死。目前,该病已呈世界性分布,发病率和致死率呈上升趋势,成为全球范围内严重危害养猪业的典型细菌性传染病之一。

一　病原

副猪嗜血杆菌属于巴氏杆菌科嗜血杆菌属,是革兰阴性短杆菌,无芽孢、无鞭毛,对生长环境要求很高。该菌血清型较多,目前报道的有15种,各血清型菌株之间的交叉保护率较低且致病力存在极大的差异。该菌非常脆弱,在体外的生存时间很短,对物理化学因素的抵抗力较弱,普通消毒剂对它都有良好的杀灭作用。

二　流行病学

副猪嗜血杆菌只感染猪,从 2 周龄到 4 月龄的仔猪和青年猪均易感,断奶前后和保育阶段发病率高,发病率一般在 10%~15%,严重时病死率可达 50%。副猪嗜血杆菌病一般通过污染物、飞沫、空气经呼吸道传播,病猪和带菌猪是主要传染源,无症状的带菌猪是最危险的传染源,该菌也会作为继发的病原菌伴随其他主要病原体混合感染,当猪群中存在呼吸道疾病时更易发生。

（三）临床症状

副猪嗜血杆菌病根据发病的急缓分为急性病例和慢性病例。急性病例多发生于膘情良好的猪, 常常无任何症状突然死亡; 多数病猪发热(40.5~42.0℃),精神沉郁,食欲下降,呼吸困难(呈腹式呼吸),皮肤发红或苍白,耳梢发紫,眼睑皮下水肿,行走缓慢或不愿站立,腕关节、跗关节肿大,共济失调,临死前侧卧或四肢呈划水状。慢性病例多见于保育猪,主要症状是食欲下降、咳嗽、呼吸困难、被毛粗乱、四肢无力或跛行,最后衰竭而死亡。

（四）病理变化

副猪嗜血杆菌病临床剖检中以浆液性、纤维素性渗出(严重的呈黄色豆腐渣样渗出物)为主要特征。剖检可见肺有间质水肿、粘连,严重者可见肺部有纤维素性渗出物及渗出液;心包积液、严重者纤维素性渗出物包裹心脏形成绒毛心;腹腔积液;肝、脾肿大,与腹腔粘连;少数有关节积液、脑膜炎症状;腹股沟淋巴结呈大理石状,颌下淋巴结出血,肠系膜淋巴变化不明显;肝脏边缘出血;脾边缘有梗死。

（五）诊断

根据该病的流行病学、临床症状和病理变化特点可做出初步诊断,

在实验室可进行涂片镜检、细菌的分离培养鉴定。副猪嗜血杆菌病在诊断上应注意与猪传染性胸膜肺炎、猪链球菌病相区别。

六 防控措施

目前对于该病采取综合性的防控措施。

饲养管理上,应尽量减少和消除各种应激因素,保证各个生长阶段的营养需求,提供充足清洁的饮水,定时定量饲喂;科学调整饲养密度,加强猪舍的通风换气,夏季防暑、冬季防寒。疫苗接种是预防猪副嗜血杆菌最有效的方法之一,我国已成功研制了猪副嗜血杆菌病灭活苗,并已在部分猪场推广应用。我国普遍流行的血清型是 4 型、5 型和 13 型,不同地区流行的血清型具有差异,且不同血清型之间缺乏交叉免疫保护,因此,最好采用本地流行的菌株制备的灭活苗进行免疫接种。通常在 14~16 日龄肌肉注射 1 次,35 日龄加强免疫 1 次。如果产房仔猪已经感染发病,建议母猪在产前 1 个月免疫1 次。药物控制通常采用替米考星和氟苯尼考拌料或饮水给药,或阿莫西林肌肉注射。

第十一节　猪　丹　毒

猪丹毒又称为"钻石皮肤病"或"红热病"。1882 年就已经在病猪中分离到猪丹毒杆菌,猪丹毒世界各地都存在。

一 病原

该病病原菌为红斑丹毒丝菌,也称猪丹毒杆菌或丹毒丝菌,属于丹毒杆菌属,菌体平直或长丝状。猪丹毒杆菌已经确定的血清型有 25 个,不同血清型的菌株致病力不同。猪丹毒杆菌对日光的抵抗力较强,在盐腌或熏制的肉内能存活 3~4 个月,在土壤内能存活 35 天,但在 2%福尔马林、1%漂白粉、1%氢氧化钠或 5%石灰乳中会很快死亡。该菌对热的抵抗力较弱,在 70℃经 5~15 分钟可被杀死。猪丹毒杆菌对青霉素最敏感,对链霉素中度敏感,而对磺胺类、卡那霉素、新霉素有抵抗力。

二 流行病学

猪丹毒主要感染猪,不同年龄的猪均易感,特别是架子猪(3~6 月龄)。由于健康猪带菌现象比较普遍,当其受多种因素影响而致抵抗力降低或细菌的毒力突然增强时,可引起内源性感染发病,导致本病暴发流行。母猪在妊娠期间感染极易造成流产。病猪和带菌猪是主要传染源。据调查,35%~50%健康猪的扁桃体和淋巴组织中存在此菌。带菌猪可从粪便和口、鼻分泌物中排出该菌,造成污染。本病主要经消化道传播,也可经破损的皮肤和黏膜感染宿主。该病在一年四季都有发生,但气候炎热、多雨的季节(5~9 月)多发,近年来也见于冬、春季暴发流行。

三 临床症状

根据临床表现的不同,可分为急性败血型、亚急性疹块型和慢性型。

1.急性败血型

急性败血型的特征为有些猪没有任何症状就突然死亡,其他猪陆续开始发病,大多数病例有明显症状。病猪体温突然升到 42℃以上,虚弱,常卧地不动,一旦唤起,行走时步态僵硬或跛行,站立时背腰拱起。饮水和饮食明显降低。呕吐,结膜充血。前期粪便干硬,有黏液。耳、背、颈皮肤潮红,发紫,出现大小不一的红斑,呼吸困难,很快死亡。吮乳和刚断乳仔猪一般突然发病,表现神经症状,抽搐,倒地而死,病程多不超过 1 天。

其他猪发生猪丹毒,病程一般 3~4 天,病死率很高,达80%。

2.亚急性疹块型

亚急性疹块型的特征是通常于发病后 1~3 天,在胸、腹、背、肩及四肢外侧等部位的皮肤上出现大小不等的疹块,先呈淡红色,后变为紫红色,甚至黑紫色,形状为方形、菱形或圆形,坚实,稍凸起于皮肤表面,几个至数十个不等。初期疹块充血,指压褪色;后期瘀血,呈紫蓝色,压之不褪色,干枯后形成棕色痂皮。大多数呈良性经过,致死率低。病程 1~2 周。

3.慢性型

多由急性败血型或亚急性疹块型转化发展而来,也有原发性的,病程较长,发病缓慢。常表现为浆液性纤维素性关节炎、疣状心内膜炎和皮肤坏死。

（四）病理变化

1.急性败血型

病猪呈全身败血症变化,以肾、脾肿大及体表皮肤出现红斑为特征。肾脏呈弥漫性暗红色,脾脏充血呈樱桃红色。

2.亚急性疹块型

以皮肤疹块为特征。疹块内血管扩张,皮肤和皮下结缔组织水肿浸润。内脏变化相比急性败血型轻缓。

3.慢性型

突出特征是疣状心内膜炎,瓣膜上有灰白色增生物,呈菜花状;另一特征是多发性增生性关节炎,关节肿胀,有纤维素性渗出。

（五）诊断

通常情况下,可通过以上临床表现初步诊断,进一步确诊需要对病

死猪进行剖检,观察其病理变化,采集病猪的血液制成血涂片,进行分析,并分离培养鉴定细菌,观察细菌形态。

六 防控措施

1.治疗

发病初期可以皮下注射抗猪丹毒高免血清,效果良好。发病后36小时内用抗生素治疗效果也很好,对于急性病例可用氨苄西林、氨基比林、地塞米松或头孢类药物,要严格按照用药剂量和疗程,不能随意增减药物。同时,加强饲养管理和消毒。

2.预防

疫苗接种是预防猪丹毒病最简单有效的措施。仔猪应于断乳后进行,以后每隔6个月免疫1次。常用的疫苗有以下几种:

(1)猪丹毒灭活疫苗。体重在10千克以上的断乳仔猪,一律皮下或肌肉注射5毫升;10千克以下的猪,均皮下或肌肉注射3毫升,1个月后再补注3毫升。注射21天后可产生较强的免疫力,并维持6个月。

(2)猪丹毒弱毒活疫苗。本苗用于3个月以上的猪,每头猪口服2毫升。接种后7天产生免疫力,并维持6个月。

(3)猪丹毒、猪肺疫氢氧化铝二联灭活疫苗。免疫效果与单株苗相近,使用方法与猪丹毒灭活苗相同。

(4)猪瘟、猪丹毒、猪肺疫三联活疫苗。注射1次可预防3种传染病。

平时应搞好圈舍和环境卫生,地面及饲养管理用具经常用热碱水或石灰乳等消毒。及早确诊,及时隔离病猪。对病死猪及内脏等进行高温处理。尽量不从外地引猪,新购猪只必须隔离观察30天。对慢性病猪应及早淘汰。

第十二节　猪大肠杆菌病

猪大肠杆菌病是由致病性大肠杆菌引起的一种消化道传染病,主要临床症状是肠毒症、肠炎等。该病根据病原菌的血清型和感染日龄,可分为仔猪黄痢、白痢及水肿病等。该病广泛存在于全世界各地,随着集约化养殖的发展,致病性的大肠杆菌给养猪业造成巨大的经济损失。

一　病原

大肠杆菌属于肠杆菌科埃希菌属,是革兰阴性无芽孢的直杆菌。大肠杆菌血清型主要有 O、K、H 和 F 四种。大肠杆菌对外界不利因素的抵抗力不强,一般加热到 60℃经 15 分钟可被杀死;在干燥环境下,也容易死亡;但对低温有一定的耐受力;对一般的化学消毒剂都比较敏感,如 5%~10%的漂白粉、3%来苏儿、5%石炭酸等均能迅速杀死大肠杆菌;对氯很敏感,对强酸、强碱较敏感。大肠杆菌一般对常见广谱抗生素敏感,但由于长期滥用某些抗生素,目前已出现大量的耐药菌株。

二　流行病学

幼龄动物对大肠杆菌最易感。仔猪自出生至断乳期均可发病,仔猪黄痢常发于出生后 1 周以内,以 1~3 日龄者居多;仔猪白痢发于出生后 10~30 天,以 10~20 日龄者居多;猪水肿病和断乳仔猪腹泻主要见于断乳仔猪,出生后 10 天以内多发。患病动物和带菌者是本病的主要传染源,通过粪便排出病菌,散布于外界,污染水源、饲料、空气以及雌性动物的乳头和皮肤,当初生动物吮乳、舔舐或饮食时,经消化道而感染;本病一

年四季均可发生。

临床症状

1.黄痢型

又称仔猪黄痢,潜伏期短,出生后 12 小时以内即可发病。病猪剧烈腹泻,排出黄色浆状稀粪,内含凝乳小片,味腥臭。同时,病猪精神不振、皮下消瘦、停止吮乳,最后昏迷而死。

2.白痢型

又称仔猪白痢,病猪突然发生腹泻,排出乳白色或灰白色的浆状、糊状粪便,味腥臭,食欲和体温没有显著变化。病猪畏寒,被毛粗糙,日渐消瘦。病程 2~3 天,长的 1 周左右,大多数能自行康复,死亡的很少。

3.水肿型

又称猪水肿病,是小猪的一种肠毒血症,发病率虽不是很高,但病死率很高。主要发于断乳仔猪,小至数日龄,大至 4 月龄也偶有发生。病猪突然发病,精神沉郁,眼睑水肿,口流白沫。体温无明显变化,心跳疾速,病猪静卧一隅,肌肉震颤,不时抽搐,共济失调,步态摇摆不稳,盲目前进或做转圈运动。水肿是本病的特殊临床症状,常见于脸部、眼睑、结膜、齿龈,有时波及颈部和腹部的皮下。病程持续时间短,有时仅几小时,通常 1~2 天,病死率为 90%。

4.断乳仔猪腹泻

常发生于断乳后 5~14 天的仔猪。猪群采食量显著下降并出现水样腹泻。脱水和沉郁,即使到发病后期仍表现出极度的饮欲。鼻盘、耳和腹部发绀,即使受感染最严重的猪也会步态蹒跚到处走动。死亡高峰在断乳后的 6~10 天。

四 病理变化

1.黄痢型

剖检尸体脱水严重,皮下常有水肿,肠道膨胀,有大量黄色液状内容物和气体,肠黏膜呈急性卡他性炎症变化,以十二指肠最严重,肠系膜淋巴结有弥漫性小点状出血,肝、肾有凝固性小坏死灶。

2.白痢型

外表苍白、消瘦,肠黏膜有卡他性炎症变化,肠系膜淋巴结轻度肿胀。

3.水肿型

剖检病理变化主要为水肿。胃壁水肿,胃底有弥漫性出血变化。胆囊和喉头也常有水肿。大肠系膜水肿。小肠黏膜有弥漫性出血变化。淋巴结有水肿和充血、出血的变化。心包和胸、腹腔有较多积液,暴露于空气后则凝成胶冻状。肺水肿,大脑间质有水肿变化。膀胱黏膜轻度出血。

4.断乳仔猪腹泻

死于断乳仔猪腹泻的猪一般身体状况良好,但严重脱水,眼睛下陷,黏膜发绀;肺苍白、干燥、贫血;胃底区黏膜可见不同程度的充血;小肠扩张充血、轻度水肿,内容物水样或黏液样,有异味,肠系膜高度充血;大肠内容物黄绿色,水样或黏液样。

五 诊断

当初生仔猪和断奶仔猪出现腹泻,排出黄色或灰白色稀粪时,可考虑为大肠杆菌病,确诊需进行细菌学检查。猪的大肠杆菌病应与仔猪红痢、仔猪副伤寒、猪传染性胃肠炎、流行性腹泻等引起的仔猪腹泻相区分。

（六）防控措施

该病重在预防。加强饲养管理，妊娠动物应加强产前、产后的饲养和护理，如母猪分娩前用0.1%高锰酸钾擦洗母猪胸腹部、乳头、乳房等部位，防止仔猪受到大肠杆菌的污染；仔猪应及时吮吸初乳，饲料配比适当，断乳期间饲料不要突然改变。及时清理粪便，做好卫生消毒工作，对密闭关养的动物，要防止各种应激因素的不良影响。

用针对本地流行的优势血清型的大肠杆菌制备的灭活苗接种妊娠动物，可使初生动物获得被动免疫。

该病的治疗可根据药敏试验使用抗菌药物，如恩诺沙星等，并辅以对症治疗。

第四章

牛、羊主要疫病及防控

▶ 第一节　牛　结　核　病

牛结核病是一种人畜共患慢性传染病,可导致病牛的组织器官出现结核结节和干酪样的坏死病灶,严重制约我国养牛业的发展,患病家畜是该病的主要传染源,该病可通过带菌的痰液、乳汁及被污染的饲料传播,发病没有明显的季节性,临床表现为咳嗽、低热,中后期表现为消瘦,影响经济效益,威胁家畜及人类健康。

 **一　病原**

牛结核病主要由牛分枝杆菌,也可由结核分枝杆菌引起,结核分枝杆菌在自然环境中生存力较强,对自然界理化因素抵抗力较强,尤其对干燥、湿冷的抵抗力很强,对湿热抵抗力弱,60℃湿热环境经 30 分钟即可将其杀灭。常用消毒剂,如 5%来苏儿经 48 小时,5%甲醛溶液经 12 小时才能将其杀灭,而在 75%酒精和 10%漂白粉中很快死亡。

本菌对磺胺类药物和一般抗生素不敏感,但对链霉素、异烟肼、氨基水杨酸和环丝氨酸有不同程度的敏感性,中草药白及、百部、黄芩对该菌有一定程度的抑菌作用。

二 流行病学

本病可侵害人和多种动物,家畜中牛最易感,特别是奶牛,其次是黄牛、牦牛、水牛,结核病患病动物是本病的主要传染源,其痰液、粪尿、乳汁、生殖道分泌物都可带菌,污染饲料、水源和环境而散播传染。

本病主要经呼吸道、消化道感染,病菌随咳嗽、喷嚏排出体外,飘浮在空气飞沫中,进而通过呼吸道吸入而感染。

三 临床症状

结核病存在着很不稳定的潜伏期,一般来说潜伏期在 10~45 天,但是有的潜伏期可长达数月,甚至是数年。

牛发生结核时,病初食欲、反刍无明显变化,但易疲劳,常咳嗽,随病情的发展咳嗽加重、频繁且表现痛苦,呼吸次数增加,严重时发生气喘,病牛日渐消瘦、贫血。有的牛体表淋巴结肿大,病情恶化可出现全身性结核。胸膜、腹膜发生结核即所谓的珍珠病,胸部听诊可听到摩擦音;乳房发生结核时可见乳房上淋巴结肿大,泌乳量减少,乳汁初无明显变化,严重时稀薄如水;肠道结核多见于犊牛,表现为消化不良、食欲不振、腹泻并迅速消瘦;生殖器结核,可见发情频繁但不孕,妊娠牛流产,公牛附睾肿大,阴茎前部发生结节、糜烂等;脑与脑膜发生结核病理变化,常伴有神经症状,如癫痫样发作、运动障碍。

四 病理变化

在肺脏或其他器官常见有很多突起的白色结节,切面有干酪样坏死,有的坏死组织发生溶解,排出后形成空洞,有的钙化,切开时有沙砾感。

五 诊断

根据牛临床表现可做出初步判断,确诊需要进行实验室诊断。常用的方法是选取病牛的尿液、粪便、淋巴结等病料制片,再采用抗酸染色法进行染色镜检,检出结核分枝杆菌。此外,皮内变态反应试验也常用于临床牛结核病的诊断和检疫。

六 防控措施

牛结核病的防治,主要采取综合性防治措施,防止疫病传入,净化污染牛群。无结核病健康牛群,每年春秋各进行一次变态反应检疫,引进牛需检查确认阴性后方可引进。对污染结核病的牛群,每年进行 4 次以上的检疫,及时扑杀检出阳性牛,进行无害化处理。直至无阳性牛检出,即建立无结核病的净化牛群。

▶ 第二节　牛传染性鼻气管炎

牛传染性鼻气管炎是 I 型牛疱疹病毒引起的一种牛呼吸道接触性传染病。临床表现形式多样,以呼吸道感染为主,伴有结膜炎、流产、乳腺炎,新生犊牛表现脑炎等神经症状。

一 病原

该病的病毒是疱疹病毒。该病毒在 pH 小于 6 或者 50℃下加热 20 分钟,就会失去活性。此外,常用消毒剂都能让病毒快速失活。

二 流行病学

该病毒主要感染的就是牛。主要的传染源是病牛和带毒牛,而隐性带毒牛是最为危险的,它体内存在病毒而不表现出任何症状,但是它可以把病毒排向外界环境,成为传染源,进而感染易感动物。另外,隐性带毒种公牛的危害更大,可通过精液把病毒传给受配母牛。水平传播、垂直传播和吸血昆虫均可传播本病。

三 临床症状

发病初期,患病牛体温突然升高到39℃,最高可达42℃,并伴随气喘,呈现腹式呼吸,精神逐渐变差。发病1~2天后,患病牛的鼻腔黏膜高度充血发炎,鼻腔黏膜呈现火红色,鼻腔内蓄积有大量黏液。夜间能听到患病牛从鼻腔中呼出带有摩擦声的鼻音,濒临死亡的患病牛鼻部会出现坏死病斑。大多数患病牛在发病2~3天后出现腹泻症状,排出黄色粥样稀便,并伴随明显的脱水现象,眼窝向内凹陷,采食欲望下降。部分妊娠母牛出现流产,同时还会表现出外阴轻度肿胀充血、在阴道黏膜上附着大量淡黄色渗出物、阴道黏膜充血出血等。

四 病理变化

病变主要集中在上呼吸道,鼻黏膜发红,鼻甲骨上存在大量坏死病灶,口腔黏膜潮红出血,将气管切开后可以发现气管壁上存在大量出血点,气管内蓄积大量黏液,黏液中夹杂少量血丝,在鼻腔和气管中均会夹杂大量的纤维素性渗出。病死牛存在明显的肺脏气肿出血,将病变的肺脏组织横切后,切面流出含有大量气泡的内容物,伴随化脓性肺炎小叶坏死。肝脏肿大明显并存在粟粒大小的灰白色到灰黄色的散布坏死病灶。肾脏乳头充血出血,小肠存在广泛性的出血现象,流产胎儿会伴随坏

死性肝炎和脾脏局部坏死。

五 诊断

　　根据临床症状、病理变化只能做出初步判断,最终确诊还是要进行实验室诊断。采集病死牛的病变脏器组织带回实验室后,进行严格的细菌学分离鉴定,未发现被阴性或阳性染色的致病菌存在。在几种常见的培养基上也没有发现致病菌生长情况。采集患病牛的鼻腔深处的分泌物,加入 10 倍灭菌的生理盐水,经处理之后放置在 4℃冰箱中过夜,然后将样品放置在离心机上离心处理 15 分钟,取上层清液接种到细胞中,在标准条件下培养细胞,3 天后可以发现有 80%细胞病变,收取毒株。将分离得到的毒株与牛传染性鼻气管炎病毒标准血清进行综合试验,检测结果显示加入标准血清的培养孔内未出现细胞病变,对照的培养细胞中出现了明显的病变,由此可以确诊分离到的毒株为牛传染性鼻气管炎病毒。

六 防控措施

　　预防本病的关键是实行严格的检疫,防止引入传染源。有牛传染性鼻气管炎威胁的牛场,对健康的牛群进行免疫接种。一旦发生本病,采取隔离、封锁、消毒等综合性措施。由于本病无特效药治疗,最好将患病牛以及抗体阳性牛全部淘汰或扑杀。

▶ 第三节　羊　口　疮

　　羊口疮是由羊口疮病毒引起的一种接触性传染病,被感染羊在口、唇、鼻、眼睑、乳房和肛门等处的皮肤和黏膜上形成小疱、丘疹、脓疮、溃

烂、增生性结节,症状持续 3~4 周,通常发病率高、死亡率低。但如果病毒同时混合感染了葡萄球菌、链球菌或棒杆菌等细菌,死亡率则接近 90%,且易反复感染,即使接种过疫苗也可再次感染。

一 病原

羊口疮病毒属于痘病毒科。该病毒在自然中的感染宿主是绵羊和山羊。该病毒对外界环境具有比较强的抵抗力,在低温条件下存活可达数年。此外,该病毒在高温或超低温度以及潮湿环境下不易存活,对紫外线、氯仿、苯等比较敏感。

二 流行病学

目前,全球范围内几乎所有养羊的国家和地区均有羊口疮发生的报道。自 1950 年以来,我国的大多数省份也存在羊口疮的感染报道。该病毒一般在秋、春产羔的季节发病率较高,但是没有明显的季节规律性。相较于成年羊来说,羔羊的发病率和死亡率较高。患病的羔羊由于唇部发病溃烂且同时可能会继发其他病原微生物感染,影响羔羊吸吮乳汁以及采食导致羊只死亡。羊只感染痊愈后也会被二次感染,二次感染会导致死亡率进一步增加。该病主要通过直接接触的方式进行传播。

三 临床症状

发病初期,发病羊的嘴唇和鼻孔周围的皮肤出现小疱、脓疱、溃疡和瘤样增生病变,另外,有的患病羊的嘴唇和鼻子有小红斑,后发展成皮疹、结节,进而发展成脓疱,形成黄色或棕色硬痂,逐渐变厚,1~2 周消失,几天后皮肤正常。严重的羊拒绝吃食、嘴唇肿胀,嘴唇和眼睛周围的大片皮肤都会形成丘疹、水疱、脓疱、痂垢。在伴有组织生长的疮痂下的皮肤

容易出血,导致下颌肿胀,阻碍采食,使羊逐渐衰弱并死亡。在更严重的情况下,羊的眼睛、蹄部、外阴或乳房的皮肤也可能受到影响。根据病变部位的不同,发病动物拒绝哺乳、进食或行走。蹄型病变多发生于绵羊,常在蹄部形成水疱或脓疱,破裂后形成溃疡。患病羊常常跛行、卧地不起,严重者会衰弱而亡。

(四) 病理变化

一般对严重消瘦的病羊进行剖检,发现胃内几乎没有食物,尸体脱水严重。该病主要涉及整个口唇周围,痂垢下伴有肉芽组织增生,并且不断增厚,严重的病羊嘴唇肿大外翻呈桑葚形状隆起,其余内脏器官无明显病变。

(五) 诊断

大多数养羊户受条件的限制,一般根据病羊典型的临床症状采取现场诊断的方法,但近年来随着病毒宿主范围的不断扩大,其临床症状与其他水疱性疾病(如羊口蹄疫、羊痘、蓝舌病及葡萄球菌引起的皮炎)和嗜皮病非常相似,常常出现误诊,确诊此病应进行实验室诊断。

(六) 防控措施

第一,养殖户尽量不要去疫区进行引种,防止引种羊群中存在残留的羊口疮病毒。第二,接种疫苗。每年春夏时节是羊口疮的高发时期,因此在这个时期养殖户应当积极对羊群进行疫苗接种。第三,加强饲养管理。养殖户在日常的饲养过程中,也需要定期对羊群的生活环境进行消毒、整理,防止病毒的滋生。

第四节 小反刍兽疫

一 病原

小反刍兽疫俗称羊瘟,是由小反刍兽疫病毒引起的一种急性病毒性传染病。该病主要感染山羊、绵羊和野生小反刍兽。小反刍兽疫是烈性传染病之一,我国农业农村部将其列为一类动物疫病。

在自然环境条件下,小反刍兽疫病毒抵抗力较低,50℃便可灭活;在pH 小于 4.0 或 pH 大于 11.0 的条件下,病毒可失活;在冷藏和冷冻组织中,小反刍兽疫病毒能存活较长时间。普通清洁剂、苯酚、2%NaOH 等均可杀灭该病毒。

二 流行病学

羊、鹿、牛等多种动物都能感染小反刍兽疫,猪、牛感染后无症状,但体内存在病毒,牛感染后会产生抗体。该病一般通过呼吸道和消化道传播,接触病羊的鼻液、粪尿也有可能发生感染,同时,接触被病毒污染的饲料、工具、圈舍等也可能会感染发病。本病流行无明显季节性,一年四季均可发病,但多雨和寒冷季节多发,病情严重时的死亡率可达100%。

三 临床症状

1.最急性型

患病动物体温升高,精神不振,流浆液性鼻液,口腔有黏膜溃疡,牙

龈出血,病初便秘,之后转为腹泻,最后死亡。

2.急性型

急性型一般表现为体温升高,采食下降,眼、鼻分泌物增多,口腔和牙龈刚开始时轻微充血,随着病情逐渐蔓延,大量流涎,唇部、颊部及乳头、舌等部位出现坏死。后期出现剧烈腹泻、脱水,体重减轻,并出现咳嗽,呼吸时气体恶臭,怀孕羊还会发生流产。

3.亚急性型或慢性型

前期发病症状不明显,后期只在口腔、鼻孔周围产生结节及脓包。

四 病理变化

发生小反刍兽疫时,病畜出现结膜炎、坏死性口炎,皱胃呈红色伴有出血,肠管糜烂、出血,在盲肠和结肠接合处有线状出血或斑马样条纹。淋巴显著肿大,特别是肠系膜淋巴结肿大,在喉、气管内有黏性分泌物,肠黏膜受损伤比较严重,此外,脾脏也经常出现肿大。

五 诊断

根据流行病学、临床表现和特征性病理变化可做出初步诊断,确诊需要进行实验室诊断。

六 防控措施

加强养殖管理, 发病初期使用抗生素和支持疗法能降低病死率,还能有效防止继发性感染。其次,让羊只保持良好的营养状态,定期针对羊舍展开消毒工作,能有效预防和控制小反刍兽疫的传播。

免疫接种是预防疫病发生的有效手段。接种疫苗可选用小反刍兽疫活疫苗,对1月龄以上的羊只进行接种,接种剂量为1毫升,颈部皮下注

射。此外,还应加强疫情流行病学调查、疫情排查和监测,一旦发现可疑病例,立即上报动物防疫监督机构,如确诊,立即采取严格的封锁、扑杀、隔离、检疫等应急措施。对动物尸体做无害化处理,对圈舍进行全面消毒,防止疫病蔓延。

第五节　布鲁菌病

一　病原

布鲁菌病是由布鲁菌引起的一种人畜共患的慢性传染病,又称布氏杆菌病,简称布病。该病共分为牛型、羊型、猪型 3 种类型,其中最容易导致人体感染的是羊型布鲁菌病。布鲁菌对外界环境抵抗力较强,在乳类和肉类食品、污染的土壤和水中可长期存活,但对热敏感,沸水中数分钟死亡。布鲁菌对四环素敏感,其次是链霉素和土霉素。

二　流行病学

布鲁菌病易感动物主要有羊、牛、猪、犬等,各种动物对布鲁菌的易感性不同,自然病例主要见于羊、牛和猪。宿主动物主要通过消化道、生殖道、皮肤和黏膜进行传播,吸血昆虫也可以传播本病。

三　临床症状

牛、羊在感染布鲁菌病后,主要症状为流产,牛常发生于第六至第八个月,羊发生在第三或第四个月。患病的怀孕母牛感染后表现为食欲不振、精神萎靡、口渴、乳房肿胀、阴道流出黏液,随后发生流产。患病的怀

孕母牛流产后,流产胎儿多为死胎,治疗不及时则可引起不孕。公牛繁殖能力下降,睾丸发热、肿大,还可引起附睾炎。其他症状还包括支气管炎、乳房炎和支气管炎引起的跛行。

（四）病理变化

本病常见的病变是胎衣呈黄色胶冻状物质,部分覆有纤维样絮片或脓液,胎衣水肿并有出血点。流产胎儿皱胃中有淡黄色或白色黏液,浆膜和黏膜有出血点,腔壁上可能覆有白色凝块。淋巴结、脾脏肿胀,胎儿可能存在肺炎。公羊生殖器有出血点或坏死灶,后期睾丸萎缩。

（五）诊断

根据流行病学、临床表现和病理变化,若发现妊娠动物流产并伴有胎衣不下、屡配不孕、子宫炎、雄性动物睾丸炎等症状可初步怀疑为本病。确诊可以通过脾脏、肝脏、淋巴结、胎盘等坏死组织涂片,通过柯式染色法染色,可见成堆存在的红色球杆状细菌。血清凝集试验是诊断布鲁菌病的常用方法。把受检羊的血清和抗原混合,4分钟内即可出现肉眼可见的凝集现象为阳性,无凝集现象则为阴性。

（六）防控措施

目前,没有特效治疗药物可以根治布鲁菌病。由于该病传播速度快,细菌在环境中存活时间长,对公共卫生安全威胁较大,一旦传播开来会造成重大的经济损失,原则上不允许治疗。养殖动物一旦感染此病,须立即上报相关部门,进行科学的隔离、扑杀和无害化处理。在养殖过程中,养殖户要加强定期检疫工作,尽量做到自繁自养,避免从市场中引进新品种。若需引进新品种,必须隔离观察1个月,严格进行检疫,确保家畜

健康后方可合群。

第六节　牛病毒性腹泻黏膜病

　　牛病毒性腹泻黏膜病是由牛病毒性腹泻病毒引起的一种传染病,这种疾病主要引起牛产生发高热、腹泻和黏膜糜烂发炎、黏膜坏死的症状。在临床实际生产中,以 8 月龄到 2 岁龄的牛发病率最高。

一　病原

　　牛病毒性腹泻病毒又叫黏膜病病毒,主要分布在染病动物的血液、精液、脾脏、骨髓、肠淋巴结、怀孕动物的胎盘等组织及呼吸道、眼、鼻的分泌物中。黏膜病病毒对有机溶剂比较敏感,一般使用乙醚、氯仿等都可以将它杀灭;本病毒在酸性环境下也较容易被杀死,pH 3.0 以下就能将它杀灭;本病毒在加热至 56℃时能很快被灭活;本病毒对外界的环境不具有耐受性,一般的消毒剂均可将它杀灭,但血液和组织中的病毒在−70℃可存活多年;在低温下也很稳定,冷冻、干燥状态下可存活多年。

二　流行病学

　　患病牛、隐性感染牛和患病后恢复健康的牛(康复后的牛体内可携带本病毒 6 个月)是这种疾病主要的传染源。不论是放牧牛还是舍饲牛,各种年龄的牛对本病毒全都易感,以 6~18 月龄的牛居多。牛病毒性腹泻病毒也能感染绵羊、山羊、猪、鹿、羊驼、家兔和小袋鼠等动物,但是其他动物感染之后一般不会出现临床症状,多数只是携带病毒,也可以成为传染源。这种疾病主要通过直接接触和间接接触的方式传播,牛病毒性

腹泻病毒可以通过患病动物的唾液、鼻液、粪便、尿液、乳汁和精液等分泌物排出体外,主要经消化道和呼吸道感染,犊牛也可以通过胎盘而被感染。

牛病毒性腹泻黏膜病呈地方流行性,常年都会发生,但是多见于冬末和春季。牛病毒性腹泻黏膜病在全球各个地方均有发病,我国有 20 多个省市均报道过本病。新发病的疫区中急性病例多,发病率通常不高,约为 5%,病死率为 90%~100%;老疫区则急性病例很少,发病率和病死率很低,而隐性感染率在 50%以上。

三 临床症状

本病自然感染的潜伏期为 7~14 天,临床表现有急性和慢性两种类型。

1.急性型

一般会发病较快,通常体温升高到 40~42℃,持续 1 周左右,有的会发生第二次升高。病牛一般表现为精神沉郁,采食量降低,鼻、眼有水样带少量黏液的分泌物,2~3 天可能会出现鼻镜、口腔黏膜表面糜烂,舌头表皮出现坏死,流口水增多,呼气恶臭。常在口腔出现损害之后发生严重的腹泻,开始是水样腹泻,然后带有黏液和血。有些牛的牛蹄趾间皮肤也会出现糜烂,从而导致牛跛行。患急性型牛病毒性腹泻黏膜病的牛很少能恢复健康,一般会在发病 1~2 周死亡。

2.慢性型

病牛发病较慢,一般不会表现出明显的发热现象,但是体温偶尔会波动,高于正常范围。常常表现为鼻镜形成一片糜烂的伤口,眼睛稍微带些黏液的分泌物。口腔很少糜烂,但是门齿牙龈发红。通常皮肤看着像有皮屑,脖子和耳朵后面最明显。淋巴结不肿大。此外,慢性型病牛最明显的临床症状是跛行,是因为牛患了蹄叶炎,牛蹄趾间皮肤糜烂、坏死。感染慢性型牛病毒性腹泻的牛大部分也会死亡,一般在发病后的2~6个月。

患本病的怀孕母牛一般会流产,或者生下的牛犊先天发育不全,一般会小脑发育不完全,有的牛犊动作完全不协调,甚至站不起来,有的可能瞎眼。

(四) 病理变化

本病主要的病理变化在消化道和淋巴结。鼻头、鼻孔、牙龈、舌头两边会糜烂和有轻微的溃疡。严重的病例在喉咙上有溃疡,坏死还会扩散。比较典型的损害是食管黏膜糜烂,形状、大小没有规律,一般是直线那样的病变。有时候牛的瘤胃黏膜会出血、糜烂,皱胃会糜烂、肿起来。患病牛的肠子会变肿、变厚、出血,还有溃疡或者坏死,肠淋巴结也会肿大。牛蹄的损害是在蹄子趾间皮肤和全蹄冠有糜烂,然后恶化变成溃疡和坏死。

(五) 诊断

牛病毒性腹泻黏膜病一般可以通过发病情况、症状和病理变化进行初步的诊断,如果想要确诊还需要进行实验室诊断。本病应注意与牛瘟、口蹄疫、恶性卡他热、水疱性口炎和牛蓝舌病等相区别。

病毒分离鉴定是鉴定牛病毒性腹泻黏膜病的主要手段,需要采集牛患病期间的血液、尿液、黏液、肠等进行病毒分离培养。也可以使用核酸检测的方法来诊断,此方法的准确性极高,但是成本较高。血清学诊断主要是通过采集患病牛的血清进行诊断,目前广泛使用的方法是 ELISA 和病毒中和试验。

六 防控措施

消灭牛病毒性腹泻黏膜病病毒主要采取 3 项措施：①通过牛群筛查检测出感染牛，然后淘汰掉。②使用疫苗增强牛群的免疫力。③采取生物安全措施防止病原体进入养殖场。

牛群筛查最通用的手段是采集牛群中所有牛的血清样品，进行抗原检测。阳性牛全部淘汰，健康牛用灭活疫苗或者活疫苗进行免疫。

此外，加强牛的饲养管理，及时发现患病牛，将其隔离或者无害化处理，染病牛的粪便、料槽和水槽都要清理干净并消毒，每周进行牛场的消毒。提供足够的饮水、营养全面的饲料，加强养殖环境的卫生管理，同时加大牛的运动量，提高牛的免疫能力、自身的抗病能力，从而预防牛病毒性腹泻黏膜病。

目前，本病主要是预防控制，还没有能根本解决问题的治疗手段，只能根据患病牛的症状来治疗。由于牛病毒性腹泻黏膜病主要导致整个消化道出现溃疡或者坏死，造成饮食困难、腹泻等症状，因此治疗时应采取补液、止泻、强心和防止细菌继发感染等措施。

▶ 第七节 牛 流 行 热

牛流行热又叫暂时热或三日热，是由牛流行热病毒引起的牛的一种急性传染病。其临床特征为突然发高热、流泪、流泡沫样的口水、流鼻涕、呼吸急促、躯体后半部僵硬、跛行。发病率高，病死率低，大部分患病牛经2~3 天就能恢复正常。本病对奶牛的产奶量有明显的影响，而且有一些患病牛会瘫痪，给养牛户带来经济损失。

一 病原

牛流行热病毒学名为牛暂时热病毒。本病毒在加入抗凝血剂之后在2~4℃存放8天后仍然可以感染牛;在-20℃以下保存,能长期保持毒力。本病毒对热敏感,56℃加热10分钟或者37℃加热18小时就能被杀灭;本病毒对酸、碱环境都比较敏感,在pH 2.5以下或pH 9以上环境中几十分钟内就能被杀灭;本病毒对乙醚、氯仿等均较敏感。

二 流行病学

本病毒主要感染奶牛和黄牛,水牛感染较少。3~5岁青壮年牛多发,然后是1~2岁牛和6~8岁牛,犊牛和9岁以上的牛少发。肥胖牛和高产奶牛发病率高,病情最严重。

牛流行热的传染性很强,传播迅速。患病牛的血液和分泌物中含有大量的病毒,是主要传染源。吸血昆虫是重要的传播媒介,病毒能在蚊子和库蠓体内繁殖,吸血昆虫(蚊、蠓)叮咬病牛后再叮咬健康的牛就可以传播疾病。因此,本病具有季节性,高温、多雨、潮湿、蚊蝇滋生的8~10月份多发,其他季节少见,一般表现为顺风向传播和流行,呈现地方流行性的特点。本病呈周期性流行,每6~8年或3~5年流行1次。有的地区每2年一次小流行,4年一次大流行。

三 临床症状

牛流行热的潜伏期为3~8天,有些患病牛突然发病,起初一两头,很快蔓延到整个牛群,患病牛的体温升高到40℃以上,持续2~3天,除了发热之外,患病牛还会出现精神不振、食欲下降、反刍停止或者减少的症状。有些患病牛眼结膜充血发红,眼角会流出脓性的分泌物。有的患病牛

会由于站立困难而卧地不起。此外,怀孕期母牛患病容易流产。一般情况下,本病的病程为 3~5 天,多数病牛都能治愈,如果治疗不及时的话,会导致瘫痪等,造成病牛死亡或者被淘汰。按临床表现可分为 3 型。

1.呼吸型

(1)最急性型。发病初期发高热,体温 41℃以上,病牛眼结膜发红、流泪。突然开始不吃食,卧地,反刍消失。流大量口水,嘴角出现大量泡沫黏液,无法吞咽,然后脱水。头颈伸直,张口伸舌头,呼吸极度困难,喘气声粗。病牛常在发病后 2~5 小时死亡,少数于发病后 12~36 小时死亡。

(2)急性型。病牛食欲突然下降或废绝,乳汁分泌突然下降或停止,体温升高到 40~41℃,精神不振,流泪、怕光,结膜充血发红,眼睛水肿,呼吸急促,张口呼吸,口腔发炎,流线状鼻涕和口水。心跳加快,四肢关节肿胀,不愿负重。怀孕 7~8 月的牛可出现流产。病程 3~4 天,若及时治疗可以治愈。

2.胃肠型

病牛眼结膜发红,流泪,流口水,流鼻涕,用肚子呼吸,肌肉颤抖,不吃食,精神不振,体温 40℃左右。粪便干硬,呈黄褐色,有时混有黏液。胃肠蠕动减弱,瘤胃不消化,反刍停止。还有少数病牛表现出腹泻、腹痛等症状。病程 3~4 天,若及时治疗可以良好地恢复。

3.瘫痪型

多数体温不高,四肢关节肿胀、疼痛,卧地不起,食欲减退,肌肉颤抖,精神不振,站立时后躯看起来很僵硬,不愿移动,强行牵拉或转向则容易摔倒。

（四）病理变化

急性死亡的自然病例,咽、喉咙黏膜上有点状或扩散开的出血,肺有明显的充气、肿大,有气泡。有些病例可见肺充水、肿大,胸腔里有大量暗紫红色的液体,肺部切开会流出大量暗紫红色液体,气管内有大量的泡沫、黏液。心内有条状或点状出血,心肌发软、颜色淡。肝轻微地肿大、变脆、容易碎。肾轻度肿胀。肩、肘关节肿大,关节积液增多,呈淡黄色。全身淋巴结充血、肿胀和出血,切开会流出液体,有的淋巴结呈点状出血或边缘出血,有点状坏死。胃、小肠和盲肠出血。

(五) 诊断

本病的特点是大量发生、传播快速、有明显的季节性、发病率高、病死率低,结合病牛临床特点,不难做出初步诊断。确诊需要实验室诊断,实验室诊断可以选用病原分离鉴定或者血清学诊断,用中和试验、荧光抗体技术等,都能取得良好的检测结果。

本病要注意与茨城病、牛病毒性腹泻黏膜病、牛传染性鼻气管炎、牛副流感等相区别。

(六) 防控措施

根据本病的流行规律,应做好疫情监测和预防工作。

在本病的常发区,为了降低牛流行热的发生概率,需要做好人工免疫接种,还必须注意环境卫生,清理牛舍周围的杂草污物,加强消毒,做好日常的驱虫管理工作,扑灭蚊、蠓等吸血昆虫,每周用杀虫剂喷洒1次。消灭吸血昆虫是切断本病传播途径的主要措施。加强饲养管理,及时清除牛舍的牛粪,保持舍内清洁卫生,通风干燥,气温凉爽;在本病高发期,牛群要减少阳光直射,采取必要的防晒防暑措施,不能过度劳动;饲喂适口性好的青绿多汁饲料和营养均衡的饲料,满足牛日常营养物质需求,减少外界各种应激因素,防止牛体质下降而发病。

对于有感染风险的牛可采用高免血清进行紧急预防接种,周围牛场应考虑使用疫苗进行预防。恢复后的牛可获得2年以上的很强的免疫力。发生本病时,要对病牛及时隔离、治疗,消毒患病牛的牛舍,停止放牧,采用舍饲。及时的对症治疗,加强病牛护理,提高牛的抗病力,防止病情恶化和传染扩散。本病发生后,严禁向未发病地区运输,并且需要对病死牛进行无害化处理,以利于快速控制和扑灭本病。

本病还没有特效药物,一般只能针对发病症状来治疗,减轻病情,提高机体抗病力。早发现、早隔离、早治疗,合理用药,大量输液,护理得当,是治疗本病的重要原则。

▶ 第八节　牛结节性皮肤病

牛结节性皮肤病又称疙瘩皮肤病或牛结节疹,是由疙瘩皮肤病病毒引起的一种牛的急性、亚急性或慢性传染病,临床上以发热,皮肤、黏膜、器官表面等广泛地长结节,消瘦,淋巴结肿大,皮肤水肿为特征,严重时会引起死亡。

一　病原

本病病原为疙瘩皮肤病病毒,形态特征与痘病毒相似。本病毒对外界因素具有较强抵抗力,在 pH 为 6.6~6.8 时能稳定存活;在 4℃甘油盐水或细胞培养液中可存活 5 个月左右;在正常环境温度下可存活至少 1 个月,在皮肤痂皮中存活的时间更长;而在-80℃条件下,在有病变的皮肤结节或组织培养液中可保存 10 年。但本病毒对热敏感,55℃加热 2 小时、65℃加热 30 分钟就能将其杀灭,并且不耐强酸、强碱,对氯仿和乙醚敏

感,甲醛等消毒剂可将其杀灭。

二 流行病学

本病最易感的动物是牛,不同品种、年龄、性别的牛都易感,但也有少部分牛对本病具有天然的抗病能力。除牛之外,水牛、绵羊、山羊、家兔、长颈鹿和黑羚羊等也可能感染。病牛是本病的主要传染源,病牛恢复健康后可以携带病毒 3 周以上。

本病主要传播途径是蚊虫叮咬,如蝇、库蠓和伊蚊等。本病主要通过直接接触传播或通过节肢动物(如蚊、蠓等)传播,也能通过饮水、饲料传播。牛结节性皮肤病发病的主要时节在每年的 9~10 月,常发生在蚊虫肆虐的夏季,冬季一般不发病。

三 临床症状

牛结节性皮肤病的潜伏期为 2~5 周,临床上常以发热、淋巴结发炎、皮肤结节性痘疹为特征性症状。

表现有临床症状的通常发病比较急。病牛在刚开始发病时先表现出鼻炎和结膜炎,伴随着黏脓性分泌物从眼、鼻流出,随后可发生角膜炎。在病情中期发热可超过 40℃,持续 1 周左右。4~12 天后,体表皮肤出现坚硬、圆形、大小不一、边界清晰的疙瘩,触摸会痛,尤其是头部、颈部、胸部、会阴、乳房和四肢,可形成肿块。2 周后发生坏死,结痂。由于蚊虫的叮咬和摩擦,结痂脱落,形成空洞。但皮肤病理变化可能持续存在几个月,甚至几年。

病牛严重时,其脸部和牙龈发生肿胀,形成大小不同的皮肤结节,然后聚集形成各种形状的肿块。也有部分病牛的结节可能坏死,甚至化脓然后破裂,伴随着血液和脓流出。另外,部分病牛耳下、肩前部、股前部和

后肢的体表淋巴结发炎、肿胀,同时伴随乳房、胸部下方、阴部和四肢发生水肿,其中四肢显著肿大为正常时的 3~4 倍。

感染牛结节性皮肤病的牛如果不能及时康复,会引发肺炎。再次感染的病牛会由于四肢上的病变而引起跛行。泌乳牛患乳房炎,产乳量迅速下降,约 1/4 的发病牛失去泌乳能力。怀孕期母牛可能流产,流产胎儿被结节、小瘤包裹,母牛患上子宫内膜炎。公牛发病后 4~6 周内不育,如果发生睾丸炎则可能出现永久的不育。

(四) 病理变化

剖开可见皮肤下有灰红色液体流出,结节里含有干掉的灰白色的坏死物,部分有脓、血。结节分布在体表肌肉、咽喉、气管、支气管、肺、瘤胃、皱胃,以及肾表面,甚至可深至骨骼。结节部位充血、出血、水肿、坏死,还明显发炎,伴有红色或黄色液体渗出。淋巴结肿大、充血和出血。口腔、鼻腔、咽喉、会咽部和呼吸道有溃疡。睾丸和膀胱也可能有病理损伤。

(五) 诊断

根据流行病学调查、临床症状和病理变化可做出初步诊断,确诊需进行实验室诊断。应采集病牛活体或死后的皮肤结节、肺脏、淋巴结等,然后进行病毒分离、血清学试验和核酸检测等。用透射电子显微镜诊断是初步诊断本病最直接快速的方法。

(六) 防控措施

加强饲养管理。注意牛舍的卫生环境,定期对牛舍、用具等进行消毒。实施日常的检验检疫,一旦发现病牛要及时隔离,并对同群的易感牛进行紧急免疫。

对已经发病的地区,应对健康牛实施免疫接种,有效抑制牛结节性皮肤病病毒的进一步扩散,降低本病的发病率。使用疫苗进行免疫具有非常好的免疫效果,有些国家和地区为牛接种绵羊痘病毒也能达到预防效果。一般情况下,母源抗体可通过初乳传给新生犊牛,能保证犊牛在获取初乳后的 6 个月内不发生感染。

目前对本病无特异性治疗方法。